卡耐基

写给女人的智慧忠告全集

［美］戴尔·卡耐基◎著

张艳玲◎编译

中南出版传媒集团

民主与建设出版社

图书在版编目（CIP）数据

卡耐基写给女人的智慧忠告全集／（美）戴尔·卡耐基著；
张艳玲编译. — 北京：民主与建设出版社，2018.1

ISBN 978-7-5139-1825-1

Ⅰ.①卡… Ⅱ.①戴… ②张… Ⅲ.①女性－成功心理－通俗读物
Ⅳ.①B848.4-49

中国版本图书馆CIP数据核字（2017）第290131号

卡耐基写给女人的智慧忠告全集
KANAIJI XIEGEINVRENDE ZHIHUIZHONGGAOQUANJI

出　版　人：许久文

著　　　者：（美）戴尔·卡耐基

编　　　译：张艳玲

责任编辑：刘　艳

出版发行：民主与建设出版社有限责任公司

地　　　址：北京市海淀区西三环中路10号望海楼E座7层

电　　　话：010-59419778　59417747

印　　　刷：三河市天润建兴印务有限公司

开　　　本：710mm×1000mm　1/16

字　　　数：130千字

印　　　张：17

版　　　次：2018年1月第1版　2018年1月第1次印刷

标准书号：ISBN 978-7-5139-1825-1

定　　　价：39.80元

注：如有印、装质量问题，请与出版社联系。

　　世界上所有的女人都一样，都希望自己成为一个魅力非凡的女人，拥有幸福的婚姻、美满的家庭、和谐的人际关系，都期盼着自己和丈夫的事业成功。但是，很少人知道该如何得到这些。有的人认为，只要拥有了豪宅香车，美貌容颜，金银满箱就能拥有幸福的人生；有的人认为嫁个钻石王老五就能拥有幸福的人生……

　　她们不知道如何去做，甚至因为方法失当，技巧不够，往往失去自己的爱人，不能把握自己的命运，导致了人生的悲剧。

　　戴尔·卡耐基，这个20世纪伟大的人生导师之一，20世纪的"人际关系学鼻祖""成人教育之父""成功学导师"在长期的工作实践中，认识了各行各业的女性，其中既有一些普普通通的女性，也有一些家喻户晓的明星，更有一部分社会名流。这些人向他讲述自己生活中的种种遭遇，其中包含着成功的欢笑，也有失败的血泪。卡耐基了解了这些情况，结合自己对女性心理学的研究，对女性如何远离烦恼、获得幸福、享受生活提

前　言
PREFACE

出了精辟的见解。

他告诉女人：要做有魅力的女人。人的魅力无处不在，而女人的魅力则是从身体甚至心灵深处自然而然地流露出来的一种神秘品质。女人要想拥有魅力，需要从容貌、服饰、身体、学识、阅历、修养等方面全面提升自己。尤其是在思想和见识方面，有魅力的女人有自己独到的见解，这是她们吸引别人的最独特的方面。唯有魅力，才能使女人散发永不淡去的芳香。

他告诉女人：要做优雅的女人。优雅不同于魅力，优雅是一种仪态，它是一种从内到外表现出的超然与洒脱。优雅不在于外貌，也不在于年龄，而在于内涵，它给人一种气息上的感染。正如古语所说"如芝兰之室，久而不闻其香"。在生命旅途中，在喧嚣的世界中，更需要优雅。优雅能保证一个女人在任何情况下都能演好自己的角色，处乱不惊。

他告诉女人：要做成功的职场女人。成功的职场女人自信却不自负，自信却不自大，谦和却不自卑。成功

前　言
PREFACE

的职场女人不是男人的依附，而是独立的个体，职场上到处能见到她们俏丽的身影。

他告诉女人：要做会经营家庭生活的女人。婚姻是两个家庭的合并，势必会出现一系列问题，这就需要女人不仅要完善自己，而且要随时洞察男人的情感需求，要与丈夫举案齐眉，相敬如宾，拥有一种"大事化小，小事化了"的大度。这些都需要女人改变自己，调整自己。

本书是卡耐基先生专门写给女人的人生教科书，它向你展示了卡耐基关于如何成为有魅力的女人、优雅的女人、成功的职场女人、幸福的女人等主题的精辟阐述与独到见解。

这些温暖将为不同层次的广大女性走出困惑、烦恼、平庸，走向成功、快乐、幸福，提供最有力、最有效、最持久的帮助。

目 录
CONTENTS

第六章

做世界上家庭生活最幸福的女人

第七章

做世界上最能帮助丈夫成功的女人

第一章
做世界上最有魅力的女人

01 自信的魅力
是永恒的

　　每个人的生活都是独一无二的，我们应该意识到自己是一个独特的人，相信自己，接受自己，你就会获得勇气和自信。

　　美国著名女商人凯利·托马斯给我们讲述了自己的故事：我16岁时，经常为忧虑、恐惧、自卑所苦。相对我的年龄来说，我长得实在太矮太胖，高4.2英尺，体重却有280磅。矮胖的我，根本不能在排球场或田径场和别的女孩对抗，她们嘲笑我是"矮冬瓜"。我十分忧愁，又很自卑，几乎不敢见人。而我确实很少与人见面，我家的农庄距公路有半公里远，四周全是茂密的森林，我平时七八天都不会见到一个生人，所见到的只有我的母亲、父亲、姐姐和哥哥。我每时每刻都在因自己身体而悲哀，其他任何事情都引不起我的兴趣。如果这样发展下去，我的忧虑和自卑会让我变成一个怯懦无为的人。我几乎无法想到别的事情，我的难堪与恐惧与日俱增，几乎难以描述。

我母亲知道我的感觉，她曾经当过老师，她告诉我说："女儿，你应该去上大学，你的身体不好，但你可以利用你的头脑！"我知道父母没有能力送我去大学，因此我决定自己努力。那一年冬天，我到小镇上打短工，当保姆，当收银员，凡是女孩子能够干的工作，我都去做。在家里，我养了两只小猪。

到了第二年秋天，我用它们换来了40美元，用于支付我在师范学院上学的费用。每周的伙食费1.4美元，房租0.5美元。我穿着妈妈给我做的短袖上衣，我有一套原本是母亲的礼服，不过我穿着不合身。脚上的鞋子也是母亲的，那是一双侧边有松紧带的高跟鞋，但跟已经被磨偏了，鞋子又偏大，我穿着不跟脚，走路时常会甩掉。这令我非常难为情，总是自己闷在房间里读书，不愿意和别的同学交往。那时，我最大的愿望就是买一些合身的衣物，让我不再为它感到屈辱。没过多久，发生了四件事，帮助我摆脱了忧虑和自卑感。

其中一件事，给了我勇气、希望和自信，完全改变了我的生活。我把这几件事简单地描述一下。第一件事，在我进入师范学院的第八周后，我参加了一个考试，得了三等奖。这意味着我获得了乡村学校的教师资格，虽然只有6个月的时效，但这足以说明我的能力，这还是除了妈妈以外第一次有人对我表示信心。第二件事，位于"欢乐谷"的一所乡村学校的董事会聘用了我，每天薪水2美元，一个月40美元，这意味着别人对我更有信心。第三件事，我在领到薪水后，去商店买了合体的衣物，穿上它们我再不会感到屈辱了。即使现在有人白送我100万美元，我也不会像当初花几美元买衣服时那么激动。第四件事，是我生命中最重要的转折点，从那以后，我完全抛开了自卑和忧虑。我家所在的小镇上每年都要举办博览会，妈妈鼓励我参加其中一项演讲比赛。我甚至没有勇气面对一个人讲话，可妈妈几乎是为我而活——她对我充满期望和信心，这令我决心参加比赛。我只有一个选择——演讲《美国自由艺术》。其实我并不知道什么是自由艺术，我想听众们也并不清楚，于是我将一篇洋洋洒洒的讲稿背诵下来，对着树林和牛群练习了上百遍。我不想让妈妈失望，因此在演讲时倾尽了我的情感——我赢得了第一。听众欢呼起来，而我难以置信。曾嘲笑我是"矮冬瓜"的女孩们，现在友好地拍着我的肩说："凯利，我早知道你很棒！"妈妈搂着我，高兴得流下了眼泪。我现在回顾过去时可以看得出来，那次演讲比赛获胜，是我人生的转折点。当地报纸在头版对我做了一篇报道，并预测我会出人头地。

在那次比赛中获胜，我成为当地出名的人物，远近闻名。而最重要的是，这件事使我的信心增加了千百倍。我现在很明白，如果没有那次获胜，我恐怕一辈子也不能成为富商。这件事使我豁然开朗，发现了自己甚至不敢妄想的真正潜力。不过，最重要的是，那次演讲比赛的第一名的奖品是师范学院为期一年的奖学金。那时，我渴望多受一点教育，我的生活只有两个主要内容：教书和学习。为了支付我在大学的学费，我当过餐厅侍者，当过保姆，帮人除过草，当过记账员，假期在麦田和玉米地里忙碌。我19岁的时候，已经做过28次成功的演讲了。

在大学里，我代表学校参加了与其他学院的辩论赛。后来我又在另外一场演讲比赛中获胜，成为班报和校报的总编。

获得学士学位后，我接受了朋友的建议——去了西南方，来到一个新的地方——俄克拉荷马州。当基俄格、坎曼奇、阿帕基的印第安人保留区公开放令之后，我也申请了一块土地，在罗顿市开办了一家公司，开始进行商业活动。我一直坚持下去，最终成为一个成功的商人。我诉说往事，并不是想炫耀我一生的成就，如果我真有这样的用意，恐怕人们就不会感兴趣了。我这样做，只是想让那些正被自卑和忧虑困扰的年轻人，从中获得勇气和自信。当年穿着母亲的旧衣物，以及那双快要脱落鞋跟的高跟鞋的我，差点就被烦恼和自卑打垮了。

要知道，没有任何东西能将你打垮，除非你自己不想战胜自己。

女性的自信不是靠外貌，而是靠自己内心的坚强。

有些女性总是在丈夫起床之前把自己打扮得美丽漂亮，认为这样是为了丈夫开心，同时也让自己更加自信，但是，要记住，你是为了自己才把自己收拾得这样美丽动人的。所以，即使是你丈夫，也不能按照他的喜好来决定你的发式和衣服。另外一点就是，飞扬跋扈不是自信，真正的自信可以和谦虚、文雅、善良同在。任何女人都可以因自信而充满魅力。

自信让人们获得前进的动力。如果说人生是一艘帆船，自信便是那鼓起的风帆，让人勇往直前。

02 能自我减压的
   女人最优雅

女人的压力不仅来自家庭，也来自社会，如繁重的工作、人事竞争等。因此，很多女人都将时间浪费在忧愁、顾虑、担心的情绪中了。那怎么应对这些压力呢？

心理上的平静能顶住最坏的境遇，能让你焕发新的活力。想一想，最坏的情况又会怎样呢？当你预测了最坏的结局并能坦然接受时，你就迈出了战胜任何不幸的第一步。你是否想得到一种快速而有效地消除忧虑的灵丹妙药——那种使你不必再往下看这本书之前，就能马上应用的方法？那么，让我告诉你威利斯·卡瑞尔所发明的这个方法吧。

爱丽丝女士是一个很聪明的商人，她是一家大型公司的负责人。她曾经向自己的朋友讲述道："年轻的时候，我在纽约州巴法罗城的一家公司工作。有一次，我必须到密苏里州水晶城的一家公司去谈一笔生意，当时我已经把所有的准备工作都做好了，在同对方的主管见面的时候，我把所有的优势都列了出来，而且，当时从对方的反应看，对方倾向于跟我合作。可是，第二天，对方却打电话说，我们公司的产品不符合要求，拒绝了跟我们的合作。

"我对自己的失败非常吃惊，觉得好像是有人在我头上重重地打了一拳。我的胃和整个肚子都开始扭痛起来。有好一阵子，我担忧得简直无法入睡。

"最后，出于一种常识，我想忧虑并不能够解决问题，于是便想出一个不需要忧虑就可以解决问题的方法，结果非常有效。我这个抵抗忧虑的方法已经使用30多年了，非常简单，任何人都可以使用。这一方法共有三个步骤：

"第一步，首先，我毫不害怕而诚恳地分析整个情况，然后找出万一失败后可能发生的最坏情况是什么。没有人会把我关起来，或者把我枪毙，这一点说得很准。不错，我前期投入的所有精力完全泡汤了，很可能我会因此丢掉工作。

"第二步，找出可能发生的最坏情况之后，让自己在必要的时候能够接受它。我对自己说，这次失败，在我的记录上会是一个很大的污点，我可能会因此而丢掉工作。但即使真是如此，我还是可以另外找到一份差事。至于我的老板——他们也知道我的付出，而且他们还知道这次合作不成功，原因不在于我们这边。

"发现可能发生的最坏情况，并让自己能够接受之后，有一件非常重要的事情发生了。我马上轻松下来，感受到几天以来所没有经历过的一份平静。然后，我就能思考了。

"第三步，从这以后，我就平静地把我的时间和精力，拿来试着改善我在心理上已经接受的那种最坏情况。

"现在，我尽量找出一些办法，减少我们的损失。我做了几次回顾，找到了失败的原因是我们对竞争对手不了解。如果我们了解了竞争对手，针对竞争对手的情况修改我们的方案，公司不但不会有损失，反而可以赚15 000美元。

"如果当时我一直担心下去的话，恐怕再也不可能做到这一点。因为忧虑的最大坏处就是摧毁我们集中精神的能力。一旦忧虑产生，我们的思想就会到处乱转，从而丧失作出决定的能力。然而，当我们强迫自己面对最坏的情况，并且在心理上先接受它之后，我们就能够衡量所有可能的情形，使我们处在一个可以集中精力解决问题的状态。

"我刚才所说的这件事，发生在很多很多年以前，因为这种做法非常好，我就一直使用。结果呢，我的生活几乎不再有烦恼出现了。"

那么，为什么爱丽丝女士的方法如此实用呢？从心理学上来讲，它能够把我们从那个巨大的灰色云层里拉下来，让我们不再因为忧虑而盲目探索。它可以使我们的双脚稳稳地站在地面上，而我们也都知道自己的确站在地面上。如果脚下没有坚实的土地，又怎么能把事情想通呢？应用心理学之父威廉·詹姆斯教授在1910年就已经去世了，可是如果他今天还活着，听到这个解决最坏情况的公式的话，一定也会大加赞同。

他曾经告诉他的学生说："愿意承担这种情况……能接受既成事实，就是克服随之而来的任何不幸的第一个步骤。"

如果脚下没有坚实的土地，又怎么能把事情想通呢？

林语堂在他那本深受欢迎的《生活的艺术》里也说过同样的话。这位中国哲学家说："心理上的平静能顶住最坏的境遇，能让你焕发新的活力。"这一说法一点也不错。接受既成事实，在心理上就能让你发挥出新的能力。当我们接受了最坏的情况之后，就不会再损失什么，这也就是说，一切都可以寻找回来。

"发现可能发生的最坏情况，"爱丽丝女士告诉我们说，"我马上轻松下来，感受到几天以来所没有经历过的一份平静。然后，我就能思考了。"她的说法很有道理，对不对？可是，现实中还有成千上万的人因为愤怒而毁掉了自己的生活。因为他们拒绝接受最坏的情况，不肯由此作出改进，不愿意在灾难之中尽可能救出点东西。他们不但不重新构筑自己的财富，还与经验进行了一次冷酷而激烈的斗争——终于变成我们称之为忧郁症的那种颓丧情绪的牺牲者。你是否愿意看看其他人怎样利用爱丽丝女士的方式来解决问题呢？好！下面就是一个例子。这是一个音乐学院的女生所经历过的事情。

"我要被压垮了，"这个女生开始倾诉，"我一天到晚不能入睡，晚上我躺在床上睁大眼睛看着天花板，就是不敢闭眼。事情的经过是这样的。学校组织了一场大型演出，我和其他几个同学竞争成为合唱队的领唱，要知道，这是多么重要的机会，可是，在第一次排练的时候，我竟然唱错了其中的一个高音，这真是不可饶恕的错误。这不仅代表着我几乎丧失了竞争主角的机会，而且还会在同学中留下非常不好的印象。

"我非常忧虑，以至于生病了，三天三夜吃不下睡不着。我一直在那件事情里面打转。我是该放弃，把这个机会拱手让人，还是应该继续努力，争取得到领唱这个位置。

"后来，在周末的晚上，我碰巧拿起一本叫做《如何不再忧虑》的小册子。我开始阅读，读到爱丽丝女士的故事，里面教我：'面对最坏的情况。'于是我问自己：'我犯的这个错误，可能发生的最坏的情况是什么呢？'

"答案是：'我丢掉这次的领唱位置——最坏就是如此，我不会失去其他。所可能发生的，只是我会把这件事毁了。'

"于是，我对自己说：'好了，这次机会即使毁了，但我在心理上可以接受这点，接下去又会怎样呢？'

"嗯，这次机会毁了之后，我也许得去另外找机会。这也不坏，我的音乐才能还是有的，也许我很快就可以找到其他的演出机会……我开始觉得好过多了。两天三夜来，我的那份忧虑开始消散了一点，我的情绪稳定下来……

"我头脑足够清醒地看出第三步——改善最坏的处境。就在我想到解决方法的时候，一个全新的局面展露在我的面前：如果我把整个情况告诉我的老师，他可能会找到一条我一直没有想到的路子。我知道这乍听起来很笨，因为我起先一直没有想到这一点——当然是因为我起先一直没有好好考虑，只是一直在担心的缘故。我马上打定主意，第二天清早就去见我的老师——接着，我上了床，睡得像一块木头。

"事情的结果如何呢？第二天早上，我的老师就叫我继续参加演出的排练，最终我得到了这个演出的机会。

"这次的经验给我上了一堂永难忘怀的课。现在，每当面临使我忧虑的难题时，爱丽丝女士的做法就会派上用场。"

如果你认为爱丽丝女士的做法也会产生烦恼，那请听下面这则故事吧。

这是她在波士顿斯泰勒大饭店亲口告诉自己朋友的，她的名字叫芭芭拉·汉里。她得了胃溃疡。有一天晚上，她的胃出血了，被送到芝加哥西北大学医学院附属医院。她的病情很严重，医生警告她连头都不许抬。三个医生中，有一个是非常有名的胃溃疡专家，他们说她的病是已经无药可救了。她只能吃苏打粉，每小时吃一大匙半流质的东西，每天早上和晚上都要护士拿一条橡皮管插进胃里，把里面的东西洗出来。最后，她做出了一个决定，一个简单又极好的决定："既然我只能活很短的时间了，"她说，"我不如好好利用剩下的一点时间。我一直想能在自己死前环游世界，所以如果我还想这样做的话，只有现在就去做了。"于是，她买了票。医生们都大吃一惊。"我们必须警告你，"他们对芭芭拉小姐说，"如果你去环游世界，你就只有葬在海里了。""不，我不会的。"她回答说，"我已经答应过我的亲友，我要葬在内罗毕州我们老家的墓园里，所以我打算把我的棺材随身带着。"她去买了一副棺材，把它运上船，然后委托轮船公司安排好，万一她死了，就把她的尸体放在冷冻舱里，一直等她回到老家。就这样，她开始踏上旅程，那是充满了奇幻的旅程。

"啊，在我们零落为泥之前，岂能辜负这一生的欢娱？物化为泥，永寐于黄泉之下，没有葡萄酒，没有弦歌，没有歌女，没有明天。当然，这并不是一个没有葡萄酒的旅行。"我喝高杯酒，抽雪茄烟，"芭芭拉小姐在给朋友的一封信里说：

"我吃各种各样的食物——甚至包括许多奇怪的当地食品和调味品。这些都是别人说我吃了一定会送命的。多年来，我从来没有这样享受过。我们在印度洋上碰到季风，在太平洋上碰到台风。这种事情就只因为害怕，也会让我躺进棺材里的，可是我却从这次冒险中得到很大的乐趣。

"我在船上和他们玩游戏、唱歌、交新朋友，晚上聊到半夜。我们到了中国和印度之后，我发现我回去之后要料理的私事，跟在东方所见到的贫穷与饥饿比起来，简直像天堂与地狱之比。我中止了所有无聊的担忧，觉得非常舒服。回到美国之后，我的体重增加了90磅，几乎忘记了我曾患过胃溃疡。我这一生中从没有觉得这么舒服。我回去做事，此后一天也没再病过。"

芭芭拉·汉里告诉我，她发现自己下意识地应用了爱丽丝女士的征服忧虑的办法。"但是，我现在才意识到，"她最近平静地告诉我，"那是我下意识地运用了这些完全相同的法则。首先，我问自己：'可能发生的最坏情况是什么？'答案是：死亡。于是，我让自己准备好接受死亡。我不得不如此，因为没有其他的选择，几个医生都说我没有希望了。我必须想办法改善这种情况，而办法就是'尽量享受我所剩下的这一点时间'……如果我上船之后还继续忧虑下去，毫无疑问，我一定会躺在我自备的棺材里完成这次旅行了。可是我放松下来，忘了所有的忧虑。而这种心理平静，使我产生了新的体力，拯救了我的生命。"

所以，如果你有担忧的问题，并为此忧心忡忡，那么请做到下面三件事情：

（1）问你自己：可能发生的最坏的情况是什么？

（2）如果你必须接受的话，就准备接受它。

（3）镇定地想办法改善最坏的情况。

当你真正放松下来，就会忘了所有的忧虑，情况也会随之向好的方向转变。

如果你是个家庭主妇，可以在家里尝试一下下列方法。

1.准备一本"供应灵感"的剪贴本。

你可以在上面贴上自己喜欢的或可以振奋精神的诗或是名人格言。如果你感到精神颓丧时，翻开这个本子，也许可以找到治疗的药方。在波士顿医院的很多病人都把这种剪贴本保存好多年，他们说这就相当于在你的精神上"打了一针"。

2.不要太过于操心别人的缺点。

不错，你的丈夫身上的确有很多缺点，但如果他是个圣人的话，可能他根本就不会娶你了，对吗？在那个班上有一个女人，她发现自己变成了一个苛刻、挑剔，还常常拉长一张脸的女人。当有人问她"如果你丈夫死了，你该怎么办"的问题时，她才发现了自己的短处。她当时确实吃了一惊，连忙坐下来，把她丈夫所有的优点都详细地列举出来。她写的那张单子真是太长了。所以，如果你下一次觉得嫁错了人的话，何不也试着这样做呢？也许在你总结了他所有的优点之后，你或许会发现他正是你期盼遇见的那个人。

3.要对你的邻居以及那些和你共同生活在一条街上的人有一种友善而健康的兴趣。

有一个女人很孤独，她觉得自己非常"孤立"，一个朋友都没有。有人建议她试着把她下一个将要碰到的人当成故事里的主角，为自己编一个故事。于是，她开始在公共汽车上为她所看到的人编故事。她设想碰到的那个人的背景和生活，试着去想象他的生活状况。后来，她一遇到别人就主动和人聊天，而现在她活得非常开心，变成了一个令人喜欢的人，也治好了她的"痛苦"。

4.每天晚上上床睡觉之前先安排好明天的工作程序。

这个班上的很多家庭主妇都因为做不完的家事而感到疲倦不堪。她们的工作好像永远也做不完，总是被时间追来赶去。为了治好这种匆忙的感觉和忧虑，建议这些家庭主妇在头一天晚上就为第二天的工作做好安排。结果如何呢？她们能完成许多工作，却不会感到以前那种疲劳；同时她们还因为做出了成绩而感到非常骄傲，甚至还有时间休息和"打扮"（每个女人其实每天都应该抽出时间来打扮自己，让自己看上去漂亮一些。我认为，当一个女人知道她的外表很漂亮的时候，她的情绪就不会那么"紧张"了）。

5.放松是避免紧张和疲劳的唯一方法。

放松！放松！再没有什么会比紧张和疲劳更容易使你苍老，对你的外表更有害的了。我的助手在波士顿医院举办的那个课程班上坐了一个小时，听负责人保罗·琼森教授谈了许多让人放松的方法。在10分钟的自我放松训练结束之后，我的助手由于也和其他人一起作了这些练习，以至于快要坐在椅子上睡着了。

为什么生理上的放松有这么大的作用呢？因为这家医院知道，放松是你消除疲劳所必须做到的。是的，作为一个家庭主妇，一定要懂得怎样让自己放松。你有一点强过别人的地方，那就是只要想躺下随时就可以躺下，而且你还可以躺在地上。奇怪的是，那种硬地板比里面装着弹簧的席梦思床更有助于你放松自己。那是因为地板给你的抵抗力比较大，对脊椎骨大有好处。

下面就是你可以在自己家里所做的一些运动。先试一个星期，看看对你的外表有怎样的好处。每天做两次：

（1）只要你觉得疲倦了，就平躺在地板上，尽量把你的身体伸直，你可以想转身就转身。这样每天做两次。

（2）闭上你的双眼，像琼森教授所建议的那样对自己说："太阳当头照耀，天空蓝得发亮，大自然非常寂静，控制着整个世界——而我是大自然的孩子，也可以和整个宇宙协调一致。"

（3）如果你不能躺下来，因为你正在炉子旁煮菜，而没有时间，那么，只要你能坐在椅子上，得到的效果也是一样的。在一张硬直背椅子上，像古埃及坐像那样，把你的两只手掌向下平放在大腿上。

（4）现在，慢慢蜷缩你的十个脚趾，然后让它们放松——收紧你的腿部肌肉，然后让它们放松。慢慢地由下至上运动各部分肌肉，一直到你的颈部。然后让你的头向四周转动，好像你的头是一个足球，你要不断地对自己的肌肉说："放松……放松……"

（5）用缓慢而稳定的深呼吸来平定你的神经，要从丹田吸气。印度的瑜伽功做得不错，有规律的呼吸是安抚神经的最好方法。

（6）想想你脸上的皱纹，尽量将它们抹平；把你皱紧的眉头松开，不要闭紧嘴巴。如此坚持每天做两次，也许你就不必再去美容院进行按摩了，而这些皱纹就会从此远离你了。

试着放松，再放松，记住：再没有什么会比紧张和疲劳更容易使你苍老，对你的外表更有害的了。

03 心态平和的
女人最从容

　　威尔逊总统说："如果你握着一双拳头来见我，我想，我的拳头会握得比你更紧。如果我们坐下来好好商量，看看彼此意见相异的原因是什么。我们就会发觉，彼此的距离并没有那么大，相异的观点也并不多，而且看法一致的观点反而很多。你也会发觉，只要我们有彼此沟通的耐心、诚意和愿望，我们就能沟通。"

　　处险而不惊，遇变而不怒。如果你不能及时控制并调整自己的情绪来适应办事的需要，那么在复杂的群体和环境中就没法办事。

　　你是否会动辄勃然大怒？你可能会认为发怒是生活的一部

分，可你是否知道这种情绪根本就无济于事？也许，你会为自己的暴躁脾气辩护说："人嘛，总会发火、生气的。"

尽管如此，愤怒这一习惯行为可能连你自己也不喜欢，更别说别人了。

纽约的爱丽丝女士，专门经销石油业者使用的特殊工具，她接受了长岛一位重要主顾的一批订单。蓝图呈上去，得到了批准，工具开始制造了。接着，一件不幸的事情发生了，那位买主和朋友们谈起这件事，他们都警告他，说他犯了一个大错，他被骗了，一切都错了。太宽了，太短了，太这个，太那个。他的朋友们把他说得发了火，他打了一个电话给爱丽丝女士，发誓绝不接受已经开始制造的那一批器材。

爱丽丝女士立刻到长岛去见那位主顾，一走进他的办公室，他立刻跳起来，朝爱丽丝女士一个箭步走过来。他激动得很，一面说一面挥舞着拳头。

他指责那批器材是如何不合标准，结束的时候他问爱丽丝女士现在要怎么办。爱丽丝女士则非常心平气和地告诉他，愿意照他的任何意思去办。然后，爱丽丝女士又强调花钱买东西的人当然应该得到合用的东西，可是总得有人负责才行，并请客户提供一幅正确的制造蓝图。虽然旧案已经花了2000美元，但爱丽丝女士答应负担这笔损失。同时，她又提醒客户，如果按照客户的做法，必须由客户负起这个责任，但如果放手让她们按照原定计划进行则可向客户保证绝对负责。这样，这位主顾平静下来了，照计划进行。结果产品没有问题，这位主顾于是答应订两批相似的货。

当那位主顾侮辱爱丽丝女士，在她面前挥舞着拳头，说她外行的时候，是爱丽丝女士高度的自制力使他克制了愤怒，而没有去争论以维护自己，但结果很值得。如果开始争辩起来，很可能要打一场官司，感情破裂，损失一笔钱，失去一位重要的主顾。这一切使爱丽丝女士深信，愤怒是解决不了任何问题的。

面对争执，我们要表现出一种淡定和从容，没有什么好计较与争执的。理亏的人，即使声音再大也不代表他是对的。当下次发生争执时，多用理智和成熟的态度去面对，但必须掌握一个原则——不与气盛之人争是非，否则就会两败俱伤。学会克制愤怒，自己就会多一分快乐，多一分平安。

《你的误区》的作者韦恩·戴埃说："你应对自己的情感负责。你的情感是随思想而产生的，那么，只要你愿意，便可以改变对任何事物的看法。首先，你应该想想：精神不快、情绪低沉或悲观痛苦到底有什么好处？而后，你可以认真分析导致这些消极情感的各种思想。"

要真正做到遇事不怒，需要在平时加强自我道德修养，培养良好的性格，保持乐观向上的精神等，这样才能够防"怒"于未然。

与其说是因为爱别人而表示平和且谦逊，不如说是为了尊敬自己。懂得尊重他人，才能得到他人的尊重。

应当牢记的处世之道是，不论在与人交往过程中发生了什么不如意的事，都不要轻易发作，一旦你发作出来，无论对人对己，都不会有好结果，所以要学会克制自己的愤怒！也许这对绝大多数人来说并不是那么容易，但却有必要这样做，因为这是你处世成功的必要心理基础。

其实，正因为我们没有控制好自己的情绪，才会发怒，而发怒，对已经发生的事情于事无补，却伤害了别人的心灵。所以我们应该保持心态平和，分清事情的轻重缓急，大事从容规划，小事从容应对。

恨一个人，愤怒，迁怒他人，都是得不到幸福的，避免阴暗潮湿的心境，让正能量浸润心灵，人生才会幸福。

04 有独立思维的
女人最吸引人

要想成为一个真正的人，你必须先是个不盲从的人。你心灵的完整性是不可侵犯的，当你放弃自己的立场，而想用别人的观点去看一件事的时候，错误便造成了。

涉世未深的年轻人，常常会害怕自己与众不同。无论是穿着、行动、言谈或思考模式，都尽量和自己所属的圈子认同。家里有青少年的父母最怕听到这样的话："玛丽的妈妈都让她擦口红了。""别的女孩像我这样的年龄，早都和男朋友约会了。""你们是要我当个怪物吗？没有人会在11点钟以前赶回家的。"等等。

人们大都喜欢和同龄人相比，他们很在意玩伴或朋友对自己的看法。他们存在的最重要证据，就是被同伴接受。如果同伴之间的标准和父母的标准发生冲突，也会对他们造成极大的困扰。因此，这也正是让父母头痛的地方。

当身处陌生的环境，又没有经验可以参考时，最好是顺应一般人的标准。等到自己的经验和信心足以给自己力量时，再按照自己的信心和标准去做。如果还不明了自己反对的对象或理由便贸然从事改革，也只是愚人的做法。

不管怎样，时间总会给人发展出一套自己的价值系统。例如，人们会发现诚实是最好的行事方针。这不仅因为有许多人曾这样教育我们，也是由自己的观察、经历和思索的结果得来的。值得庆幸的是，对于整个社会来说，大部分人都同意某些生活上的重要基本原则。否则，将会天下大乱。

然而，那些生活的基本原则也有受到考验的时候，尤其是那些不愿随波逐流、人云亦云的人会提出改革，这便是文明进步的动力。如人们一直不敢贸然反对行之有效的奴隶制度，直到有一部分前卫者起来大声疾呼，最后才逐渐得到响应。另外，如剥削童工、酷刑逼供、不人道的刑罚等，实在举不胜举。这些不合理的现象，曾经被大多数人接受，并且也没有人提出质疑。直到有一少部分人起来反对，并坚持到底，才出现了转机。

不随波逐流并不容易，至少不是一件愉快的事，甚至还有危险性。大多数人宁愿躲在人群中，顺应环境，也不愿对统治者的领导提出质疑或反对。但是，他们并没有意识到这种安全的虚伪性。大众的心理其实很脆弱，最容易被人牵着走。像追求安全感一样，人们顺应环境，最后往往会变成环境的奴隶。真正的自由，在于接受生活的挑战、在于不断奋斗，并经历各种事情。

著名的战地特派员艾得吉·莫瑞曾说："一般人并不追求消极性的德行，如顺应环境、安全或所谓的幸福等而达到人格的完整性，而是凭借承受重担而到达卓越的境地。我们的祖先一直了解，健康的人从不逃避困难。"

也有人认为，那些不随波逐流的人，通常是一些古怪、喜欢标榜与众不同或喜欢哗众取宠的人。通常人们不会认为一个留着大胡子的人，或穿着 T 恤参加正式宴会的人，或一个在大街上光脚走路的人，或在剧院抽雪茄的女士，一些喜好自由的独立人士，反而会认为他们只不过像动物园里的猴子一样，文明程度不很高明罢了。

成熟的性格能增进人们的信念，也能驱使人们去遵守这些信仰。每个人对自己、对全人类都有一种责任，就是好好地运用自身所有的各种能力，来增加全人类的福祉。爱默生在这方面所采取的坚定立场一向赢得人们的尊敬。他在世时，很多从事反奴隶或其他各种改革运动的人都希望得到他的支持，但他都拒绝了。

他当然也很同情这些运动，也希望他们能做得更好。因为那并不是他的专长，所以他认为不应该把自己的精神和能力运用到这些运动上面。虽然因此而遭人误解，但他仍坚持这个原则，并在所不惜。

不随便迁就一项普遍为人所坚持的原则，或坚持一项并不被人支持的原则，都是件不容易的事。一个不随波逐流的人，愿意在受到攻击时坚持信念到底，这的确需要极大的勇气。

女性在这些方面做出突破尤其不容易。因为，现代社会虽然强调女性的权利，但其本质上还是一个男权社会。在美国，女性首先取得了进入工厂的机会，但是，一直没有和男性同工同酬。直到1963年美国国会才通过同酬法案，1972年国会又通过了同工同酬的修正案，同年通过的教育法规定不得以性别、种族、肤色为由剥夺妇女享受联邦经费的权利。1974年平等就业机会法生效。这些都是保证女性在就业机会上获得平等的法律依据。但是，女性地位的实际改变则要晚得多。而这些机会是同大量有独立见解的女性发表自己的意见，领导妇女运动而获得的。这些都表明了女性有自己独特见解和独立意识的重要性。

美国的著名作家贝蒂·弗里丹就是一个有着独立思维的妇女。美国国务卿希拉里·克林顿这样评价她："贝蒂·弗里丹是美国最响亮的声音之一，她终身致力于社会活动和写作事业，她为美国人民打开了心灵的大门，打破了对女性限制的枷锁，为妇女争取了更多的权利和机会。我们所有人都是她设想世界的受益者。"她于1942年毕业于史密斯女子学院。她对美国妇女生活中存在的问题进行调查研究，对传统观念进行了驳斥，如男女是生来不平等的，女性是男性的仆从……她提出了全新的女性观，如女性和男性是完全平等的，女性有着无限的潜力和智慧……并于1963年出版了《女性的奥秘》，掀起了美国乃至全世界的女权运动。

无论是在政治上，还是在经济上，甚至是在平时的聚会中，女性都应该有着自己独特的见解。

在一次社交聚会上，人们正在谈论最近发生的某个议题。当时，在场的人都赞同某个观点，只有一位女士表示异议。她先是客气地不发表意见，后因有人问她看法，她才说，她本来希望人们不要问她，因为她是与各位站在不同的一边，而这又是一个愉快的社交聚会。但既然人们问到她，她就要把自己的看法说出来。接着，她便把看法简要地说明一下，立刻遭到大家的围攻。但她仍坚定不移地固守自己的立场，毫不退让。结果，虽然她未说服众人同意她的观点，却赢得了大家的尊重。因为她坚持自己的信仰，没有做别人的应声虫。

美国人曾经必须靠个人的决断来求取生存。那些驾着马车向西部开发的拓荒者，遇到事情时并没有机会找专家来帮忙解决问题。不管是遇到紧急情况或任何危机，他们也只能依靠自己。印第安人来攻击的时候，没有警察，他们只能依靠自己的智慧和力量；要想安顿家庭，没有建筑公司，完全得靠自己的双手；生病时，没有医生，他们便依靠常识或家庭秘方；想要食物，更是靠自己去耕种或猎捕。这些人，每当遇到生活上的各种问题，都得立即下判断、做决定。事实上，他们也一直做得很好。

现在人们生活在一个充满专家的时代。由于人们已十分习惯于依赖这些专家权威性的看法，所以便逐渐丧失了对自己的信心，以至于不能对许多事情提出自己的意见或坚持信念。这些专家之所以取代了人们的社会地位，是因为人们让他们这么做的。

现在的教育模式，是针对一种既定的性格特征来设计的，因此这种教育模式很难训练出领导人才。因为大多数人都是跟从者，不是领导者，所以人们即使很需要进行领导人才的训练，但同时也很需要训练一般人如何有意识、有智慧地去遵从领导。只有这样，才不会像被送上屠宰场的牛群一样，只会盲目地跟着走。

根据教育家华特·巴比的理论，孩子们是按照国家所需要的人格特征来给予训练的，所以训练后都能养成如下的特性：能社交、平易近人，能随时调整自己以适应群体的生活等等。畏缩性格被认为是不能适应环境的表现，每个孩子都必须参与游戏，都轮流做领导人；每个孩子都必须针对某个题目发表意见，都必须讨别人的喜欢。但是，如果让这些国家未来的主人翁都能在这样的教育体系下愉快地接受训练，那就必须让那些有独立个性的孩子也有独立的空间。如果孩子喜欢音乐而不喜欢踢足球；或是喜欢阅读而不喜欢玩棒球，都应当允许他们按照他们自己的意愿去做，而不应把他们看成是与群体格格不入的人。

在一般的公立学校，那些敢提高自己的声音，为子女的教育方式提出看法和意见的父母，确实需要勇气。由于通常人们会认为，教育上的问题自有专家们来处理。

有一位城郊的年轻母亲勇敢地站出来，为自己女儿的教育方式讲话。她是个能独立思考的人，并对自己的信念极具信心。她不断地提出问题，而且独自与公众的意见奋战。一年后，有一些人受她的影响，推选她为社区教育委员会的委员。现在，不但她自己的子女受益，还有很多学生因她所提出的意见而连带着受益。

有许多小儿科医生会告诉父母如何喂养、抚育和照顾孩子，也有许多幼儿心理学家告诉父母如何教育子女；经商时，有许多专家会告诉商人如何使生意成交；在政治上，人们投票很少是因为个人的选择，大部分人是盲从某些特定团体的意见；就是人们的私生活，有时也要受某些专家意见的影响。很多人都没有想到，其实自己就是世界上最伟大的专家。

普林斯顿大学校长哈洛·达斯，对顺应群体与否的问题十分关切。他在1955年的毕业生典礼上，以《成为独立个性的重要性》为题发表演讲。他指出：无论人们受到多大的压力，使他不得已改变了自己去顺应环境，但只要他是个具有独立个性气质的人，就会发现，无论他如何尽力想用理性的方法向环境投降，他仍会失去自己所拥有的最珍贵的资产——尊严。维护自己的独立性，是人类具有的神圣要求，是不愿当别人的橡皮图章的表现。随波逐流，虽然可得到某种情绪上的一时满足，但人们的心灵定会时时受到它的干扰。

1955年6月，澳大利亚驻美大使波希·施班特爵士在受任为纽约联合大学的名誉校长时，曾发表了如下演讲：生命对我们的意义，是要把我们所具有的各种才能发挥出来。我们对自己的国家、社会、家庭，都具有责任。这是我们到这个世上来的理由，也能使我们活得更有用处。假如我们不去履行这些义务，社会就不会有秩序，我们的独立性和天赋就不能发挥出来。

没有独立的思维方法、生活能力和自己的主见，那么，生活、事业就无从谈起。众人观点各异，总是听从别人的意见也会导致无所适从。最好的办法是把别人的话当做参考，仔细权衡斟酌之后，一切才能处之泰然。

1909年3月8日，15 000名美国女人上街游行，喊出了"面包与玫瑰"的口号，她们不仅要求经济独立，而且要求政治独立，她们都是有着独特思维和见解的人，因此掀起了著名的女权运动。从此以后，美国的女性不仅进入原来男性占统治地位的职业，而且逐渐寻求获得政治地位。

从美国的动画片中就可以看到女性独立意识的觉醒。美国动画片《白雪公主》《睡美人》中的女主人公都是漂亮、善良、没有心机、会做家务的女性，这反映了当时美国女性在家庭中的地位，是完全依附于男性的。1989年的《小美人鱼》中的主人公艾丽尔公主则成为一个独立自主，甚至有着叛逆精神的现代女性。1991年的《美女与野兽》，贝儿公主爱读书，拥有的则是以前男人们的特权。1992年的《阿拉丁》，茉莉公主则是聪明独立、有主见、喜欢冒险的形象。这些拥有独立见解女性形象的出现则是现实生活中女性形象的反映。

人们只有在找到自我的时候，才会明白自己为什么会到这个世界上来，要做些什么事，以后又要到什么地方去等这类问题。

爱默生在他的散文《自信》里这样说："随着学识渐增，人们必会悟出：嫉妒乃无知，模仿即自杀；无论身居祸福，均应自我主宰；虽然广袤的宇宙充满了幸福，但如果不事耕耘，果实也不会从天而降。蕴藏于人身上的潜力无穷无尽，但他能胜任什么事情，别人无法知晓，若不动手尝试，他对自己的这种能力就一直蒙昧不察。"所以，善待你的天赋，奏出自己独特的乐章。

05 宽容的
女人有魅力

"有时宽容引起的心灵震动，比惩罚更强烈。"这是苏霍姆林斯基的名言。

宽容是修养，是境界，更是美德、气度、胸怀。宽容是一种生存的智慧，生活的艺术，代表了女性的那份从容，自信和超然。

宽容的女人是美丽的，因此能得到别人的尊重。女人的胸怀应该像大海一样，而且这份宽容首先应该是面对丈夫的。在长期的家庭生活中，妻子吸引丈夫爱情持续下去的力量，可能不是美貌，不是浪漫，也不是伟大的成功，而是她的宽容。

家庭是讲情的乐园，不是讲理的法庭。面对丈夫的种种失误，喋喋不休是不可取的，那大吵大闹更是会给双方带来不可弥补的伤害。如果双方的感情基础仍在，不如用宽容相待。

据说伊莲娜·罗斯福刚结婚的时候，"每天都在担心"，因为她的新厨子手艺很差很差。"可是，如果事情发生在现在，"罗斯福夫人说，"我就会耸耸肩，把这事给忘了。"这才是一个成年人的做法。就连凯瑟琳——这位最专制的俄国女皇，在厨子把饭做坏了的时候，她也通常只是一笑了之。

有一次，卡耐基夫人和一个朋友到芝加哥一个朋友家里吃饭。分菜的时候，朋友出了一些小错。当时客人并没有注意到，即使注意到了，客人也不会在乎的。可是他的太太看见了，马上当着我们的面跳起来指责他，"约翰，"她大声叫道，"看看你在搞什么！难道你就永远也学不会怎样分菜吗？"随后她对客人说："他总是出错，根本就不肯用心。"也许他的确没有好好地做，可是这个客人实在佩服他能够跟他太太相处20年之久。

在那件事情之后不久，卡耐基夫人请了几位朋友到家里来吃晚饭。就在他们快来的时候，卡耐基夫人发现有3条餐巾和桌布的颜色不相配。"我冲到厨房里，"她后来说，"结果发现另外3条餐巾送出去洗了。客人这时已经到了门口，我没有时间再换了，急得差点哭了出来。我当时只想：'为什么我会犯这么愚蠢的错误，毁了整个晚上？'然后我又想到：'为什么要让它毁了我呢？'于是，我走进去吃晚饭，决定好好地享受一下。而我果然做到了，我情愿让我的朋友们认为我是一个比较懒散的家庭主妇，也不想让他们认为我是一个神经兮兮、脾气暴躁的女人。而且据我所知，根本没有人注意到那些餐巾的问题。"

众所周知，有一条法律名言："法律不会去管那些小事情。"人也不该为那些小事而忧虑，如果他希望求得内心安宁的话。在大多数时间里，要想克服由小事情所引起的困扰，只需把着眼点和重点转移一下就可以了——那就是让你有一个新的、能使你开心一点儿的看法。

艾丽莎是个作家，她告诉一个朋友，过去她在写作的时候，常常被纽约公寓热水灯的响声吵得快要发疯了。"后来，有一次我和几个朋友出去露营，当我听到木柴烧得很旺时的响声，我突然想到：这些声音和热水灯的响声一样，为什么我会喜欢这个声音而讨厌那个声音呢，回来后我告诫自己：'火堆里木头的爆裂声很好听，热水灯的声音也差不多。我完全可以蒙头大睡，不去理会这些噪音。'结果，头几天我还注意它的声音，可不久我就完全忘记了它们。

"很多小忧虑也是如此。我们常常因为一些小事，结果弄得整个人很沮丧。其实，我们都夸大了那些小事的重要性……"

19世纪的英国政治家迪斯累利说："生命太短促，不要关注恼人的小事。""这些话，"安德烈·摩瑞斯在杂志《本周》中说，"曾经帮助我克服了很多痛苦。我们常常被那些本该不屑一顾的小事弄得心烦意乱。人生只有短短的几十年，时间一去不复返，但我们会用很多时间担心一些小事，而这些事情，一年之内就会忘掉。所以，我们应该将时间用于值得做的行动上，比如伟大的思想、真正的感情。做我们该做的事情吧！生命太短促，不要理会恼人的小事。"

琼丝小姐是个名人，但是，她忘记了那句"生命太短促，不要理会烦人的小事"。结果呢？她和自己的姑妈打了一场历史上极为有名的官司。

故事是这样的：琼丝小姐嫁给了一个吉普赛男子，她们在布拉陀布修建了一所漂亮房子，准备安度余生。她的姑妈琼丝·巴布成了她最好的朋友，她们俩一起工作，一起做家务。后来，琼丝小姐从琼丝·巴布手里买了一块地，事先说好：每个季度，巴布女士都可以从地里割草。一天，巴布女士发现琼丝小姐在里面开了一个花园，她非常生气，不禁怒骂起来。琼丝小姐也反唇相讥，两人吵得天翻地覆，让附近的的绿山都好像蒙上了一层乌云。几天后，琼丝小姐骑着自行车出去游玩，被巴布小姐的马车撞倒在地。此时，琼丝小姐完全忘了自己曾说过的"众人皆醉，你应独醒"，而把巴布女士告上了法庭。这一消息从大城市迅速传到了小镇，不久就传遍了全世界。没有什么办法了。这场争吵导致琼丝小姐和自己的丈夫永远离开了美国度过他们的余生，而所有一切烦恼都不过是为了一车干草，一车干草而已。

下面是哈里·爱默生·福斯狄克讲过的一个故事，是关于森林里的一场战争胜负的故事。科罗拉多州长山上躺着一棵大树，自然学家告诉我们，它有400多年的历史，在漫长的岁月中，它曾被闪电击中14次，至于狂风暴雨，几乎数都数不清，对于这些侵袭，它都能战胜。但最后，一些小甲虫使它永远倒在了地上。它们从根部开始咬，逐渐蔓延到内部，于是大树伤了元气，因为这些攻击虽然很小，却始终持续不断。就这样，一个森林里的巨人，岁月不能让它枯萎，闪电不能让它倒下，狂风暴雨不能让它动摇，却因为一些用手指头就能捏死的小甲虫，最终倒了下来。

难道我们不像这棵经风历雨的大树吗？我们也曾经历无数的狂风暴雨和闪电，而且最终都挺过来了，却任凭忧虑的小甲虫——用手指就能捏死的小甲虫咬噬自己。

几年前，丽莎小姐在旅行时经过提顿国家公园，和一些朋友约伊丽莎白小姐去参观约翰·洛克菲勒在公园里的房子。结果丽莎小姐的汽车拐错了一个弯，迟到了一个多小时，伊丽莎白小姐早就到了，但她没有钥匙，只好在那个又热、蚊子又多的森林里等着。她们到的时候，蚊子已经多得让人发疯，而伊丽莎白小姐正在吹笛子——她用白杨树枝做的。应该说，这个小笛子是个纪念品，纪念一个不被小事困扰的人。如果你不希望忧虑毁了自己，就要改变这个习惯。不要让自己为小事而垂头丧气，它们本应该被丢开或忘记。要记住："生命太短促。"

想想你曾为之忧虑的那些事情，有多少是微不足道的，它们对你的生活、你的人生能有多大的影响呢？不如放宽心胸，把忧虑的时间用来更好地享受生活。

有句话说得好："不会生气的人是愚人，不去生气的方为智者。"所以，我们要宽容待人，不要让我们的敌人控制我们的健康、快乐和外表，要知道，宽容是最好的美容师。

一个女人，可以娇贵，可以单纯，可以浪漫，只要有一颗宽容之心，就是一个完美的女人。

06 感恩的
女人有魅力

女性有时是比较爱挑剔的。尤其是对自己的丈夫和亲近的人。

有一年妻子过生日，丈夫为表爱心，送她一颗精美的钻戒，她嫌丈夫乱花钱，逼着丈夫将礼物退了。丈夫过意不去请她到饭店吃饭，她边吃边唠叨，嫌饭菜贵，嫌丈夫花了大价钱却吃不到东西，埋怨丈夫不会过日子。整个生日宴，光听妻子的唠叨了，丈夫呢，坐在旁边则是一脸的苦相。照这样下去，夫妻怎会幸福。

有位婚姻专家说过："容易幸福的女人，一定是一个懂得欢喜和感恩的女人。"要想婚姻幸福，妻子应该让丈夫觉得你的好我都记在心里。要想生活幸福，就要对周围的事物充满感恩之情。

　　泰勒小姐原来是个非常容易发怒的人，她对眼前的一切都感到不顺眼，经常大发雷霆，抱怨这抱怨那。可是，过了一段时间，朋友们却发现她变成了一个充满感恩之心的人。下文是泰勒小姐对自己转变原因的叙述。

　　"我以前经常担忧，"她说，"不过，1934年春的某一天，我在一条街上所看到的一幅景象驱逐了我所有的烦恼。前后过程不到10秒钟，不过这10秒钟内，我所学到的比过去10年还多。我在韦伯城开过两年的杂货店，"泰勒小姐在告诉我这个故事时说，"我不但用光了所有的积蓄，还欠下了一大笔债，得7年才能还清。杂货店正是那天的前一个星期六停止营业的。我正打算到银行借点钱，好动身到堪萨斯城找个工作。我像一个一败涂地的人在路上走着，失去了斗志和信心。忽然间，我看到对街过来一个没腿的人，他坐在一块小木板上，下面用溜冰鞋轮做了四个滚轮，两手各拿一块木头在地面上支撑划动自己。他过了街，正要把自己抬高几英寸以越过马路到人行道来。正当他费力抬高他身下的木板时，他的眼光与我相遇，并向我笑了一笑。'早安，小姐！今天天气真好，不是吗？'他的声音里充满了朝气。我看着他，才发现自己是多么富有。我有两条腿，我可以走路，我对我的自怜感到羞耻。我告诉自己，这样一个失去了双腿之人还能开心、快乐、充满自信，我拥有双腿，当然也可以做得到。我顿时觉得精神多了。原来我只打算借100美元，现在我有勇气要求借200美元。本来我只打算试试看能不能找个工作，但现在，我有信心宣布我要去找个工作。我拿到借款，也找到了一份工作。"

"现在我在浴室的镜子上贴了一段话，每天早上化妆时都要念一遍：我正在因为自己没有鞋而难过，直到遇见一个没有双脚之人，我的难过顿时消失了。"

尤里斯小姐曾毫无希望地迷失在太平洋上，她和他的同伴在求生筏上漂流了21天。在得救后，她的朋友问她，她从那次经历中学到的最重要一课是什么。她的回答是："我从那次经历中学到的最重要一课是，只要有足够的饮水与食物，你就不该再有任何抱怨。"

一本杂志上有一篇文章提到在一次地震中受伤的一位女士的故事。她的喉咙被碎片击中，接受了七次输血。她写了一个小条子给医生，"我能活下去吗？"医生回答："可以的。"她又写道，"我还可以讲话吗？"回答也是肯定的。她再写了一张纸条："那我还操什么心呢？"你为什么不现在就停下来，问问自己："我到底在烦恼什么呢？"你多半会发现，你担心的事既不重要，也没意义。

我们的生活中大概90％的事情都进行得很顺利，只有10％有问题。如果我们想要快乐，只需把注意力集中在那90％的好事上，不去看那10％就可以了。如果我们想要烦恼、抱怨、得胃溃疡，那只要把注意力集中在10％的不满意之处，而忽略那90％也就可以了。英国的许多教堂里可以看到这两个词："思想""感恩"。我们心中也应该铭记着这两个词。想想所有我们应该感谢的事，并真正感谢。

乔纳森·斯威夫特，《格列佛游记》的作者，他可以算得上是英国文学史上最悲观的人了，他为自己的出生很难过，过生日时他常穿着黑色的丧服守斋。即使在那样的绝望中，他仍没有忘记"只有快乐的心境可以带来健康。"他曾宣称："世上最好的医生是——节食、安静、快乐。"

你和我，每一天，每一小时，都可以得到"快乐医生"的免费服务，只要我们能把注意力集中在我们所拥有的东西上——那些财富可能远远胜过阿里巴巴的宝藏。给你一亿元交换你的双眼，如何？两只脚值多少钱？你的双手呢？听觉呢？你的子女？你的家庭？算算你所拥有的资产，你一定会发现，即使把洛克菲勒、福特、摩根三个家族所有的财富都给你，你也不会愿意出让自己现在拥有的这些。

但是，我们会感谢自己所拥有的一切吗？噢！不！叔本华说："我们很少想我们所拥有的，却总是想自己没有的。"这种倾向实在是世上最令人不幸的事之一。它带来的灾难只怕比历史上所有的战争与疾病都重大。

也正是这一点，几乎使琼·柏马"从一个正常人变成一个脾气恶劣的老女人"，并且差一点毁了她的家庭。我知道这件事，因为她曾经向我讲述过。

"从部队退役不久，"柏马小姐说，"我开始做生意，通过夜以继日地勤奋努力，一切进展顺利。但是很快问题就发生了，我买不到零件和原料。这可能使我被迫放弃生意，为此，我内心充满了忧虑，从一个普通人变成一个脾气恶劣的老太婆，性格也变得尖酸刻薄——当时我无法自知，直到现在才明白。情况越来越恶劣，几乎让我失去了自己快乐的家庭。然而，有一天，一个曾在我手下当兵的年轻人对我说："柏马，你应该感到惭愧，你这副样子仿佛世界上只有你一人有烦恼一样。就算把工厂关掉，又能怎么样呢？等事情恢复正常后，你还可以重新开始。本来你可以有更多值得感激的事，可是你却不断地抱怨。天啊，我真希望我是你。你看看，我只有一只胳膊，半边脸都烧伤了，可我从来不抱怨。如果你继续满腹牢骚的话，你不仅会失去你的生意，还会失去你的健康、你的家庭和你的朋友。"

这番话使我猛然醒悟过来，我发现自己正走在一条歧路上。我下定决心要加以改变，重新找回我自己，现在我做到了这一点。"

每一位女性都应记住，对所拥有的进行感恩，收获的就是无穷的快乐和满足。

有感恩心的女人，一定是善于接纳别人施于她的好，并懂得表达自己对这种好的欢喜和感恩的人。她在待人接物上，并不指望别人给她一片阳光，但人家却心甘情愿给了她一颗太阳，让她在这颗太阳的照耀下活得幸福快乐。

第二章
做世界上最有涵养的女人

01 自尊自爱，
涵养的基本要素

"人一生可以说共诞生过两次：第一次是为生命而诞生，第二次则是为生活而诞生。正因为人诞生两次，所以人的自尊自爱也就发生两次：第一次的自尊自爱是相对于自然生命的，而第二次的自尊自爱则是相对于人的社会生命。如果你生命中的第一次自尊自爱没有发生的话，那么第二次自尊自爱也就无从说起了。只有第一次自尊自爱的人是不可能放出人性的光辉的。人诞生两次才能算是一个完整意义上的人，而自尊自爱也只有发生两次才能拥有一个真正统一的、完美的人生。"

这段话出自卢梭之口，它深刻地揭示了人生的真谛。只有从别人的身上体会到了尊重和爱，这样的人生才有意义，才是快乐。然而，很多女士在追求这种尊重和爱的时候往往忽略了一个非常重要的前提，那就是自尊自爱。

不向任何人卑躬屈膝，不容许别人歧视、侮辱是"尊严"不变的内涵。只有自尊，才能受到别人的尊重。自尊心在平时需要培养，在特殊的情况下则需要捍卫。

琼丝小姐住在贫民区里，她的家庭状况也就可想而知了，为了省下家里取暖的钱给自己交学费，她必须到附近的铁路去拾煤渣。琼丝小姐的行为受到了贫民区里其他孩子家长的称赞，那些家长也拿她为榜样教育自己的孩子要向她学习，自食其力。但琼丝小姐却因此遭到那些孩子的嫉恨。

有一伙孩子常埋伏在琼丝小姐从铁路回家的路上，袭击她，以此报复。她们常把她的煤渣撒遍街上，使她回家时受到责备，她只能默默地流泪。这样，琼丝小姐总是或多或少地生活在恐惧和自卑的状态中。

终于有一天，老师看到琼丝小姐脸上的伤，问起原因，琼丝小姐哭着说了经过。老师问道："你觉得自己错了吗？"琼丝小姐马上坚定地回答："不，我没有错。"老师又说："那么，这种事情必须结束。琼丝，你有力气拾煤渣就应该有力气反击他们，记住：要为你坚持的东西而勇敢。"

　　第二天，在琼丝小姐拾完煤渣往回走的路上，看见三个人影在一个房子的后面飞奔。她最初的想法是转身跑开，但很快她记起了老师的话，于是她把煤桶握得更紧，一直大步向前走去，犹如她是一个凯旋的英雄。

　　接下来便是一场恶战，三个男孩一起冲向琼丝小姐。琼丝小姐丢开铁桶，勇敢地迎上去，拼尽全力挥动双拳进行抵抗，使得这三个恃强凌弱的孩子大吃一惊。琼丝小姐用右拳猛击到一个孩子的鼻子上，左拳又猛击她的腹部，这个孩子便转身溜走了。这使得琼丝小姐精神一振，更加奋勇地反抗另外两个孩子对她进行的拳打脚踢。她用腿绊倒了一个孩子，再冲上去用膝部猛击他，而且发疯似的连击他的腹部和下颚。现在只剩下一个孩子了，他是领袖，他突然袭击琼丝小姐的头部。琼丝小姐站稳脚跟，把他拖到一边，毫不畏惧地对他怒目而视，在琼丝小姐的目光下，那个孩子一点一点地向后退，然后飞快地溜跑了。琼丝小姐从煤桶里抓起一块煤投向那个退却者，这也许是在表示她正义的愤慨。

直到这时，琼丝小姐才知道她这一次的流血和伤痛是最值得的，因为她克服了恐惧。她知道帮她赢得胜利的不是她的拳头，而是她渴望捍卫自尊的心。从那一刻起，她坚定她要"为坚持的东西而勇敢"，她要改变她的世界。

自尊就是一个人的尊严，是每个人都应该具有的。但并不是每个人都要像琼丝那样用拳头和石头来捍卫它。真正懂得维护自尊的人也能给别人应有的尊重，从而赢得更多人的尊重，甚至可能改变一个人的整个生活。

有这样一个关于尊严的真实故事：某日，贵妇人闲来无事，就到大街上散步，刚走出不远，她看到前面有一个衣衫褴褛的铅笔推销员正满脸堆笑地向她走来，眼神里充满了渴望。这位贵妇人见此，怜悯之情油然而生，毫不犹豫地将一元钱丢进推销员的怀中，就缓步走开了。她以为她这样做能听到一句感谢的话，回头看时正遇上推销员那毫不领情的眼神，她才忽然觉得这样做不妥，就连忙返回，很抱歉地对推销员解释说："对不起，我刚才忘了拿笔，希望你不要介意。"说着便从笔筒里取出几支铅笔，最后又说："你和我的丈夫都是商人，都不能做赔钱的买卖。你有东西要卖，而且上面有标价，我照价付给了你钱，我也要拿走我买的东西。"

这件事这位贵妇人并没有放在心上，她只是觉得对任何人都应该尊重，不管她自己是否需要。

几个月过后，这位贵妇人和丈夫出席一个商业活动，作为公众人物，许多人都与他们寒暄。快到中午用餐时，这位贵妇人身边的人不那么多了，这时一位穿着整齐的年轻人迎上前来，用充满感激的目光注视着她。她感到很纳闷，但一时也想不起来这人是谁，此时年轻人说话了："您早就不记得我了吧？我也是才知道您的名字，但不管您是一个名人还是一个普通人，我永远忘不了您。我是数月前那个铅笔推销员，当时您的举动给了我足够的尊严。在此之前，我一直觉得自己像个乞丐，一个推销铅笔的乞丐，不配得到任何人的尊重。因为很多的人都只给我钱，并没有拿走一件商品，他们都认为我是一个乞讨者，直到您走过来并告诉我，说我是一个商人为止。您虽然拿走了一元钱的商品，但却为我重新找到了尊严。您的话使我重新树立了自信，我立志要成为一个真正的商人，今天我做到了。谢谢您！"

没想到简简单单的一句话，竟使得一个处境窘迫的人重新树立了自信心，并且通过自己的努力终于取得了可喜的成绩。

　　自爱代表着自己爱自己，对自己好一点，从而将自己的生活变得美好、精彩，而且还很有品质和品位。不要因为受到一点点伤害就自暴自弃，也不要为了得到某些东西而妥协，更不要因为别人的不爱而放弃对自己的爱。对于一个女人来说，只有懂得了自爱，才能真正懂得如何去爱别人。

　　此外，女士们在社会中生活一定要有一种"平等"的心态。这种平等意味着两者之间在地位上、感情上没有高低贵贱之分，而创造平等的来源就是自尊。如果为了得到某些东西，哪怕是爱，而放弃自己最起码的做人尊严的话，那么你的人格也就荡然无存了。如此一来，你与对方相比，就已经是出于下风了。你不但得不到对方的认可或尊重，反而会成为对方眼中一个毫无尊严、卑躬屈膝的人。更加可怕的是，这种人格的尊严一旦失去了，就再也不可能找回来。

02 良好的着装，
让你光芒四射

俗话说：人靠衣装，佛靠金装。良好的着装对女性魅力有着无法估量的增强作用。

米高梅电影公司一向以严谨的着装习惯闻名。该公司的高级职员一般都要穿深色套装和白衬衫，结果人们在看到米高梅公司的人时往往会笑着说："瞧！企鹅又来了。"这当然是一句玩笑话。但作为演艺界这样一个充满活泼、浪漫色彩的地方，米高梅公司为何做如此古板的规定呢？要知道米高梅公司的总经理并不是一个严肃而缺乏幽默感的人，他之所以要求他的职员如此，是因为他明白在很多人的心目中，"好莱坞人"总是嘴叼雪茄的生意人形象，这些人往往喜欢夸夸其谈，给人以很不老实的感觉。

所以米高梅公司试图从衣着上给大众一种稳重的正面形象，以摆脱留给人们的消极影响。

有一次，一位担任大学校长的心理学家向一大群人发出问卷，向他们询问，衣服对他们产生什么影响。结果，被询问者几乎一致表示，当他们穿戴整齐、全身上下一尘不染时，他们能清楚地知道自己穿得很整齐，而且也可以感觉得到，这表明衣服会对他们产生某种影响。这种影响虽然很难解释，但十分明确、十分真实。得体的衣服会使他们的自信心大增并提高他们的自尊心。他们发现，当他们的外表显得很自信时，他们的思想也比较容易顺畅，他们的表达也更容易取得成功。他们也就更容易被别人所接受。

形象是社交时的第一印象。为了给人留下良好的第一印象，请你牢记以下几点：如果你不想成为同行的笑柄的话，你的服装必须合体；如果你不想让同行或客户鄙视的话，你的服装必须庄重；如果你不想让人看出你的性格或爱好的话，你的服装必须是保守的、得体的。如果男性员工总是不修边幅，穿着宽宽松松的裤子、变形的外衣和鞋子，自来水笔和铅笔露在胸前口袋外面，一张报纸、一只烟斗或一罐烟草把西装的外侧塞得凸了出来；女性员工总是背着一个样子丑陋的大手提包，衬裙还露在外面，别人可能很难对他们产生信心。看了他或她那个蓬乱样，对方就会认为，穿成这样，肯定他或她的头脑也是乱七八糟的。

我们总是看到那些商界人士西装革履，打扮得体。那些做销售的人员也非常重视外在形象。如果你面对的是一个蓬头垢面的家伙，怎么敢买他（她）卖的汽车、房子，或其他什么东西呢？

莎士比亚说："服饰往往可以表现人格。"在商务活动中，

得体的着装能够体现出严谨、专业、训练有素的仪表形象，超凡的仪表形象才能使我们真正做到"衣"礼天下。

大家都想穿出得体的服装。可是有人说，我就是不知道怎么打扮自己，越修饰越糟糕。这里，我们先了解一下着装的基本常识。

我们的服装大致可分为正装和便装两种。

正装是适用于严肃场合的装束，比如工作场合，也可用于参加婚葬仪式、社交活动等。像西装、套裙、中山装、民族服装等，正装也常被称为职业装，各式礼服、晚会服、酒会服、结婚礼服等也包括在正装范围内。

着正装会给人以庄重的印象，但要注意与自身条件相协调，细心选择款式和面料，要给人舒适感和满足感。

便装是在非正式场合的装束，包括娱乐、休闲、运动、家居的装束，适用于比较轻松的环境。工作场合一般不应穿便装。

着装要特别注重颜色和款式的搭配。俗话说："没有不美的色彩，只有不美的搭配。"色彩体现在服装方面就在于它的巧妙搭配。我们所要掌握的搭配技巧，重要的是要根据个人的体形、身高、肤色、性格、爱好，以及天气、地域、场合等综合因素，合理选配。商务正式着装一般选用单色、深色为宜，黑色、蓝色被认为是比较正式的商务着装色彩；商务休闲着装可以选用米色、白色、灰色等为宜，上下身色彩可不同。款式则可以根据自己的体形特点和局限加以搭配，可以参考以下几点建议：

（1）一次着装最好不要超过三种色彩，有的人不太注意色彩的搭配，穿着一身笔挺的深色西装，黑色皮鞋，可是裤脚露出了白袜子，看上去很扎眼，这就有点欠缺了。

（2）体形偏胖，没有什么腰身，适宜选择腰身合体、线条简洁的衣服。避免穿紧身衣。颜色应该选择较深的，色彩反差较小的服装，给人以踏实稳重的感觉。

（3）瘦人适宜选择颜色较浅、颜色鲜亮的服装，给人以积极健康的感觉。特别是体形偏瘦的女性，就是现在流行称呼的"骨感美人"，适宜选择衣领处有皱褶，腰袖略显宽松，配有饰边的衣服。

（4）肤色较白者，适于穿着各色服装，宜选择的颜色范围较宽，但要避免黄绿色。肤色较黑者，一般不适宜穿黑色服装及素雅的冷色调和深暗色调的服装，如墨绿、绛紫、深棕、深蓝等颜色，应选用色彩浓艳的亮色，如橙色、明黄色等。

此外，着装还有一些原则要遵循。首先是国际上通用的TPO原则。TPO是英语"TIME""PLACE""OCCASION"三个词首字母的缩写。T代表时间；P代表地点；O代表场合。

一天之中有早、中、晚，一年之中有四季，人生有不同的年龄阶段，穿什么衣服，要根据一年四季的变化，也要根据年龄的变化选择适宜自己的服装。普通场合要遵循干练、干净、整洁、文雅、大方的原则。正式场合，比如参加各类会议、庆典、仪式、宴请、谈判、外事等隆重庄严的活动，应遵循庄重、严谨、高雅、得体的原则。欢度节日或纪念日，着装应当鲜艳、明快、喜庆、时尚、洒脱。各种不同场合时，选择的服装还要注意与所要面对的对象、此次活动的目的协调一致，就是要合时、合地、合景。

"质于内而形于外"。仪表是否端庄、大方，体现了有气质的女人的内在素养和品位风格。

套裙即西服套裙，是女性商务人员出席正式场合的首选服装，一定要选择适合自己的套裙。面料要考究，匀称、平整、挺括、柔软、有弹性，不易起毛、起球、起皱为好。套裙应以冷色调为主，至多不超过两种色彩。裙子下摆根据女性年龄选择长短。年轻女性裙长以到膝盖上下为宜；较年长的女性，以到达穿者的小腿中部为最佳。着装、化妆与配饰的风格要协调统一。适当的装饰品，就会显示出有气质的女人的精明。配饰分为服饰和首饰两大类：服饰包括鞋、帽、围巾、手提包、胸针等；首饰包括耳环、项链、戒指、手链等。恰到好处，点到为止，不要过多、过繁。

此外，良好的商务形象，还包括健美的头发，合适的发型，清洁的皮肤，清新的口腔卫生。女性还应注意得体的妆容，恰当好处的点缀和装饰，等等。

在面试时，女性的着装更应严加注意：

（1）着装要符合自己的年龄气质。

服饰的色彩、款式要和自己的年龄、气质、体态，以及自己所应聘的职业岗位相协调。不要为了显得自己很成熟，就打扮得过分老成，也不要为了显得年轻，就打扮得时尚新潮。

（2）不要过于追求名牌。

在面试的时候，不要过于追求名牌，但是一定要得体大方。符合自己身份的着装才更受用人单位欢迎。

（3）着装切忌过于暴露。

短、露、透的服装是不被正规公司所允许的，保守的着装也许能获得招聘经理的好感。

（4）诚恳自信更能赢人。

所有的外在着装、修饰都不是起决定作用的，自信才是一个人独特的优势。如果在面试过程中目光坚定，在倾听问题时认真地注视考官，相信你会获得更大的优势。

人们在第一次交往中，双方的容貌、仪表、举止、服饰等，在彼此的心中都会留下深刻的印象。一个仪表堂堂、举止大方的女性更容易使人产生好感；一个蓬头垢面、邋邋遢遢的人，则容易让人产生厌恶。在交往过程中，往往双方还一言未发，内心深处的好恶就已初步形成。所以，我们应该注重自己的仪表，使之美观大方、赏心悦目。

03 不追求完美结果的
女人最可爱

　　赢得别人注意的最好方法，就是不要去担心结果如何，或在意别人是否喜欢自己。要知道，不是我们的缺点毁了一次演讲或艺术创作，我们爱朋友也是因为他们的美德，而不是缺点。我们要想实现我们的抱负，靠的是我们的长处，所以我们应该克服困难，改正缺点，然后忘记缺点，开始采取行动，努力去实践那些必须完成的事情即可。

　　当人们还处在做梦年龄的时候，常常会梦见有朝一日写出最伟大的小说来，想象别人是如何赞赏那本书的，想象自己如何听到掌声，想象自己如何嗅到那永远的荣耀。有时，也会梦见自己要穿什么样的衣服，所到之处，别人是怎样赞美、追求、不断引用自己讲过的话。那时人们会想到很多优美的事物，唯独不会想到自己将来会遇到困难；或是将来的工作枯燥无味、非常辛苦；或是在文学创作中会流汗和流泪等等。人们想的都是有关荣耀的报偿，而不是努力去赢得这份荣耀。像这种幼年时期的稚气行为，可以说是典型的一颗寂寞的心灵想得到友谊或是想与他人建立良好关系的心理表现。只是我们总是希望别人先来喜欢我们，都不曾想到要如何才能让人喜欢。

中国的孔子曾经说过，最重要的不是别人没有爱自己，而是自己是否值得被别人爱。要想得到别人的感情和友谊，必须先去用心改善自己的态度，并增进能让别人喜欢你的品质。

玛丽恩·安德森曾经很生动地描述自己早期的生活。那时她事业失败，整个人很不得志，自己几乎就要放弃歌唱生涯。后来，她逐渐恢复了勇气和信心，准备继续为自己的事业奋斗下去。有一天，她极兴奋地告诉母亲，她要再唱下去！她要继续追求完美！她要每个人都喜欢她。母亲回答：这很好。但是要知道，人在成就伟大的事业之前，必须先学会谦卑。玛丽恩听后深受感动，因此决心在音乐造诣上力求完美，而不是想要完美。

在好莱坞默片时代，以拥有狗明星"强心"而名噪一时的亚伦·波恩，由于观察许多狗的动作，因而写下一本极为轰动的畅销书《写给强心的信》。在书中他说，强心在拍片时很自得其乐，看起来不是为报酬而工作，而是它本身真的很喜欢这项工作。有几次，现场根本就没有人要求它表演，可它却一直表演得很高兴。可见它丝毫不是为报酬而工作，这就是它成为明星的原因。

波恩先生又讲了一个小舞星的故事。那小女孩在试镜时十分紧张，几乎没有勇气出场。波恩告诉她不要去揣想试镜的结果，只要高高兴兴地跳就是成功。果然小女孩不再紧张，并且于试镜之后获得录用。

当我们年幼时，会充满无限的幻想，梦想着要改变世界。当长大一点，我们发现世界不会改变，决定放短自己的目光，去改变国家。但是，国家好像也不可以改变。到了暮年，我们决定做最后的尝试，只要改变自己的家人，那些与我们最亲近的人，然而，他们也不会改变。如果我们首先改变了自己，然后通过以身作则，就可能改变家庭，而受到他们的鼓励，可以使得我们的国家变得更好一些，说不定，我们还改变了整个世界。我们思想和行为的顺序应该从自己开始。

得到友谊的最佳方法是必须注意施与，而不是获得。友谊应该是亲自赢得的，而不是凭一时的吸引或哄骗。所谓赢取友谊的能力，是指一种心境、一种处世的态度或是一种愿意把自己的爱、兴趣、注意力及服务精神献给他人的愿望。有经验的销售人员一定都知道，如果你一直担心生意的成交与否，则一定会造成心理负担而不能好好表现。哈里·布利斯是大众食品公司的董事长，他在大学时代，曾经靠推销缝纫机来赚取学费。布利斯先生认为，好的销售员所关心的只是一心一意地去为顾客服务，而不会去想生意是否成交。如果销售员的注意力都集中在服务顾客，其产生的力量会较大，也不会遭到拒绝。布利斯先生说，他现在想告诉销售员们，如果他们每天早晨都先这么想一遍：今天要尽可能地去帮助别人，那么他们一定会更容易与顾客沟通，生意自会成交。那些致力于帮助别人解决问题的人，使别人能活得更好、更快活的人，才是真正最好的销售人员。

如果你遇事过于在意成效如何，就容易产生紧张、害怕、表达不佳等副作用，结果反而达不到自己想要的效果。

安娜也是尝尽苦头才学到这个教训的。由于她胆小，因此别人特别喜欢欺负她，像火车站的脚夫、计程车司机、餐馆的侍者等，都来吓唬她。另外，她也自认为不是个公开演讲的料子，要她站在别人面前讲话，她花费的精力绝不少于别人主持大型会议的精力。几年前，她准备发表演讲，据说当时的观众很难缠，事前她曾与一位朋友共餐，就免不了露出了紧张的情绪。于是她就问朋友："假如听众不喜欢自己，那怎么办？"朋友说，她倒不觉得听众是否喜欢自己有多么重要。重要的是你有没有把想讲的信息传达出去，至于她们喜欢或讨厌自己，这又有什么关系！朋友的这番话，改变了安娜的一生，也改变了她对演讲的整个看法。

休斯曼博士是《来自施诺夏普的少年》一书的作者，他是英国杰出的知识分子。他身兼诗人、评论家、演讲家和教师等职，一向不喜欢教条和所谓的宗教传说。但有一次，他在演讲时却提到他认为人类历史上最有深度的一句话是："那些想挽救生命的人，往往会失去生命；而那些失去生命的人，其实是挽救了生命。"休斯曼讲的是有关艺术、美学的精神，强调创造性的艺术家应当看重创作本身，而不是创作可能得到的报偿。

当然，为了要得到友谊和情爱，人们必须先认清"施比受更有福"，然后再把这种认知表现出来。不能只是把金矿藏在内心，黄金必须使用才能显示出价值。

追求完美的人认为要想取得进步、获得成功就要抛开缺点，把自己最好的一面展现给大家。这在一定程度上无可厚非。但是，我们需要的是纠正错误，纠正之后就要尽快地忘掉它们，不要让它们缠绕自己。因为一旦这些东西缠绕自己，我们就会产生负罪感和自卑感，一旦我们有了这样的心态，我们很可能不喜欢自己。我们应该尽快忘记过去，重新开始。

我们必须试着接受自己的缺点，当然，每个人都有缺点。虽然这并不代表我们会对自己放松要求。我们需要接受的是：这个世界上没有完美的人。要求别人完美是不公平的，苛求自己必须完美就更是异想天开了。

在生活中有无数追求完美的人，尤其是女士。有这样一位追求完美主义的女士，她对自己所做的事要求达到分毫不差。然而，旁人却并不认为她是成功的：她需要反复修改才能拿出一份简短的报告；她喋喋不休地展开自己的话题，完全不顾听众已昏昏欲睡；举办各项活动，她都要事无巨细地过问。总之，无论什么事她都千方百计地让它达到完美状态，为此她不惜付出任何代价。其实这种完美真的是完全不必要的。因为这些人追求完美的目的是受众人瞩目。他们只是把注意力放在如何超越别人，如何达到完美上。

谁都会遭遇失败，完美主义者也是这样，只是完美主义者无法容忍自己失败，最终获得的却只是对自己的痛恨。

所以，要放松自己，不要苛求自己，停下来休息一下，这样你才会活得更好。

在生活中，做一个人很难，做一个有着完满人性的人更难。承认自己的不完美，同时也要接受别人的不完美。一个女性可以把生活打点得井井有条，而一个男性则可能记性差，并且笨手笨脚的。女性应该慢慢地理解男性只是在很多事情上无法兼顾而已，他也有很多优点。这样两个人才能过上幸福的生活。

04 女人因温和
友善而美丽

　　我们经常听说一个故事：冬天，北风呼呼地刮着，太阳高高地悬着。一个人穿着厚厚的棉袄在走路。这时，北风和太阳开始打赌了。它们认为谁能让那个人脱下棉袄谁的本领就大。北风先来，它使劲吹了起来，树枝都被刮断了，可是，风吹得越大，那个人就把棉袄裹得越紧，北风没有办法，只好退下来。太阳上阵了，这时，太阳高高地照着，把温暖的阳光洒满大地，穿棉袄的人觉得越来越热，就把棉袄脱了。太阳胜利了。这个故事告诉我们，有时候，一些难以应付的人或事，会在友善与赞赏中变得温和起来。

　　伊莎贝尔小姐是个工程师，她要求房东减低房租，但房东是个铁面无情的人，很难说动。于是，她便给房东写了一封信，告诉他，等租约一到，她就搬出去。而事实上，她并不想搬家，只是想降低房租。其他房客都试过，但都没有成功。他们还告诉伊莎贝尔小姐，说房东很难对付，要特别小心。

房东收到信后，去找了伊莎贝尔小姐。伊莎贝尔和房东热诚地交谈，没有提房租高的事，只告诉他自己十分喜欢这间房子，然后继续恭维他很会管理这里。再告诉他，如果不是付不起房租，她很愿意再多住一年。

房东从未遇到过这样的房客，一时不知该如何是好。房东说，他的房客们总是抱怨。他收到过许多房客的来信，其中还有人在信中侮辱他。他说，像伊莎贝尔这样的房客，真让他松口气。

后来，伊莎贝尔小姐没有要求，房东便自动将房租减少了一些。并且还问她，房子是否需要装修。

温和、友善和赞赏的态度更能让人改变心意，这是咆哮和猛烈攻击所难以奏效的。

美国的一个城市的郊区曾发生过这样一件事，证明了这个真理。

那些年，那个城市的报纸上充斥着堕胎专家和庸医的广告，表面上是给人治病，实际上却是用恐吓的方式，类似"你将失去性能力"等可怕的词句，欺骗无辜的受害者。他们害死了许多人，却很少被定罪。他们只要缴点罚款或利用政治关系，就可以逃脱责任。

这种情况太严重了，激起了这个城市的很多善良民众的义愤。传教士拍着讲台痛斥报纸，祈求上帝能终止这种广告。公民团体、商界人士、妇女团体、教会、青年社团等，一致公开指责，大声疾呼。然而，一切都无济于事。议会掀起争论，要使这种无耻的广告不合法，但是在集团利益和政治的影响力之下，各种努力都毫无成效。

艾伦斯女士是这个城市一家妇女团队的理事，她和她的同伴几乎用尽了一切方法，但是都失败了。这场抵抗医学界败类的斗争，似乎没有什么成功的希望。

有一天晚上，艾伦斯女士决定尝试这个城市显然还没有人试过的一个办法，为了让报社自动停止刊登那种江湖郎中的广告，她给《波士顿先锋报》的发行人写了一封信，表示她多么仰慕该报：新闻真实，社论尤其精彩，是一份完美的家庭报纸，她经常看该报。艾伦斯女士还表示，以她的看法，它是美国西部地区最好的报纸，也是全美国最优秀的报纸之一。"然而，"艾伦斯女士说道，"我的一位朋友告诉我，有一天晚上，他的女儿听他高声朗读贵报上有关堕胎专家的广告，并问他那是什么意思。老实说，他很尴尬，他不知道该怎么回答。贵报深入波士顿众多家庭，既然这种场面发生在我的朋友家里，在别的家庭也难免会发生。如果你也有女儿，你愿意让她看到这种广告吗？如果她看到了，还要你解释，你该怎么回答呢？"

"很遗憾，像贵报这么优秀的报纸——其他方面几乎是十全十美的——却有这种广告，使得一些父母不敢让家里的女儿阅读。可能其他成千上万的订户都和我有同感吧！"艾伦斯女士最后写道。

两天以后，《波士顿先锋报》的发行人给艾伦斯女士回了一封信。亲爱的小姐：

十一日致本报编辑部来函收纳，至为感激。贵函的正言，促使我实现本人自接掌本职后，一直有心于此，但未能痛下决心的一件事。

从下周一起，本人将促使《波士顿先锋报》摒弃一切可能招致非议的广告。暂时不能完全剔除的广告，也将谨慎编撰，不使它们造成不良影响。

这就是和善的力量。

女人也应该用温柔和善的方式对待世人。温柔和善的女性让人如沐春风，在不知不觉中获得成功。

在一家车行，艾丽莎女士是新入行的售车小姐。其他的员工因其新入职，有点看不起她，指派她做一些杂务。可是艾丽莎一直和善以对。在同客户的交往过程中，其他员工以貌取人，对于穿戴不好的顾客冷眼相待，可是，艾丽莎无论对待什么样的顾客都一视同仁，和善相待。一个月过去了，她的销售业绩在店内的售货员中居于榜首。这就是和善的力量。

05 女人因
幽默而美丽

　　《圣经》上说，人们有着一颗快乐的心，胜于藏着一只药囊，可以治疗心灵上的百病。在人际交往中，运用适当的幽默语言来表达思想，可以使你更容易被接受，更有助于消除人与人之间的隔阂。看起来健康快乐、充满笑容的人肯定比一个一脸怒气或郁郁寡欢的人更受欢迎。

　　奥尔威先生订好了飞往旧金山的机票，然而却因为工作中的一个小插曲耽搁了近一个小时。在离飞机起飞还剩下不到半小时的时候，他终于赶到了机场。他三步并作两步地冲到检票口，冲着检票员问："小姐，请问我还能不能搭上这班飞机？"

　　检票员看着一脸焦急的奥尔威先生，微笑着说："你的时间完全够用。只有一种情况除外。""什么情况？""除非您走错了机场。"看着微笑的检票员，奥尔威先生悬着的心一下子放下来了。

在人际交往中，出错有时是难免的。遇到这种情况，可以利用带有幽默意味的疑问句来回避这种难堪，以积极弥补过失，维护自身形象。

有一天，艾伦斯太太的弟弟带着刚出生没多久的儿子来玩，艾伦斯先生在阳台上打开了一个塑料游泳池，一桶水接一桶水地往里灌，按照小孩子的个头，有三分之一的水就够了！可是艾伦斯先生一边灌水，一边埋怨他的太太小气。艾伦斯太太心里很不高兴，但是如果不让老公灌，两人势必要吵起来，于是她抱起小侄子说："你伯伯把你当成天才了，第一次游泳就让你直接进入深水区。"艾伦斯先生听了这话，不好意思再灌水了。

语言能让交往有所突破，一个卓有成效的方式就是幽默。幽默可以表现一个人的才华与素养，幽默的语言常常可以产生意想不到的效果。

幽默是人们适应环境的方式，也是身陷困境时缓解精神压力和心理压力的好方法。

艾伦斯先生和几个朋友开车出去玩，半路车辆突然冒出了烟，艾伦斯先生打开前机器盖查看，没想到，被突然冒出的火烧伤了脸部。在医院里，医生检查后，说可能脸上会留下疤痕，艾伦斯先生大惊失色："完了，这次我要破相了！"艾伦斯太太却笑眯眯地说："如果留下一道疤痕的话，我们就去纹身店，让师傅把我的名字纹上，这样谁都知道你爱我了！"一句话就将忧心忡忡的艾伦斯先生给逗笑了！

幽默是人的思想、智慧、学识、灵感的结晶，幽默风趣的语言风格是人的内在气质在语言运用中的外化。一个不懂得幽默的人，是没有希望的人。商界人士应该多一点幽默感，少一点气急败坏；多一点开朗，少一点偏执极端。生活应该有张有弛。所谓精神的"弛"，就是时常的幽默。而且，用幽默来处理烦恼与矛盾，会使人感到愉快友好。

幽默的语言鲜明生动，富有个性，它所制造的轻松效果有化腐朽为神奇的作用。正是由于这一点，智慧的人们当遇到棘手的难题时，会动用幽默的方法打开严肃的大门，使难题在轻松愉快中迎刃而解。

还有一则幽默可以为商场人士提供参照。当一艘船开始下沉时，几位来自不同国家的商人正在开会。"去告诉这些人，快穿上救生衣，跳水逃生去吧！"船长命令大副去通知商人们。几分钟过后，大副跑来报告说："船长，他们不听从您的命令。"船长甚为不解："你来接管这里，我去看看他们在做什么。"一会儿船长回来说："还好，他们都跳了。"他看到大副一脸纳闷，于是接着说："我运用了心理战术，我对英国佬说，那是一项体育运动，于是他愉快地跳了；我对法国佬说那是很潇洒的；对德国佬说那是命令；对俄国佬说那是勇敢的做法。""那你对那个美国佬说了什么？"大副着急地问道。船长幽默地答道："我对他说，你是缴过保险的。"

不恰当的幽默很可能被人看做轻浮，低级趣味性的戏谑也是不可取的。高明的幽默是智慧的表现，它必须建立在丰富知识的基础上。领会幽默的内在涵义，才能真正培养幽默感，从而达到驾驭的目的。

有些人总是认为自己没有幽默的天赋，其实，幽默不是天生的，关键是要有意识地训练自己的语言技巧和运用幽默语言的能力。这不是一件多么难的事情，一旦学会了，并且得心应手，运用自如，你就会感到幽默带来的好处。

女性更需要幽默。因为，幽默是智慧、修养、乐观等品质的体现，一个幽默的女人不只女性喜欢，男性同样喜欢。

幽默可以化解生活中的荒诞。如，张爱玲有一次和父亲吵架，父亲将她关了禁闭，她偷偷翻墙逃走，她写道：即使在那种后有追兵的时刻，她也不忘和三轮车夫为车费讨价还价。

女性对幽默应该不加掩饰。只要你觉得有意思，你就应该微笑，或者大笑。你应该记住，最重要的是你要自然地表现出你的幽默，不要强迫自己。

有了幽默，即使在灾难中你的心灵也是宁静的。这时你才能从那些严肃、沉重的事物中发现乐观的、轻松的东西。

06 女人因
仪态而美丽

对于女人来说，比美貌更重要的是体态。优雅的体态可以和丰富的内涵相得益彰，凸显气质美。

女人可以在举手投足间展现个人魅力。因为举止是一种不说话的语言，它真实地反映了一个人的素质、受教育的程度及能被信任的程度。正如培根所说："相貌的美高于色泽的美，而优雅合适的动作的美又高于相貌的美。"

外在的气质是观察一个人内心世界的窗口，通过仪态我们可以透视出一个人的精神状态、心理活动、文化修养及审美情趣等。一个人的行动往往就是最好的语言，通过举止，就可以判断这个人的素养。

　　有一位中层管理人员，是位美丽的女士，业务素质很好，管理能力也很强，可就是有个毛病，就是不管在什么场合，一到得意处，便不自觉地抖动自己的双腿。一次，在与合作方进行有关合资立项的谈判，双方谈得非常顺利，马上就将进行到签字生效的程序了。可是就在这时，这位女士旧病复发，得意忘形，不自觉地抖动起了双腿。这位经理一边与谈判方老总谈笑风生，一边抖动双腿。这个细节被对方老总注意到了，并皱起了眉头，他心想：作为女性，作为一个中层管理人员，应该行为端庄，现在她有这样的表现，可见这个公司也不好。所以他立即阻止了正要往协议书上签字的双方代表，随后表示，这份合作意向还需再重新探讨，然后领着自己的人扬长而去，留下这位一头雾水的女士及莫名其妙的谈判人员。合作就此以失败告终。

有些人就是有这么一个坏习惯，无论在什么场合，不是抠鼻子，就是挖耳朵，就好像他的鼻子里、耳朵里有抠不尽、挖不绝的污秽物似的。殊不知这种坏习惯，正是人们所讨厌的。

有些西方人士会因此认为，这样的场合都这样随意，那么在执行协议的时候，也难免会生出一些枝节。所以事后，有人问那位扬长而去的老总，究竟是什么原因使他在关键时刻阻止了协议签字的。这位老总的一席话传到彼方参加谈判的人员耳中，简直令他们哭笑不得。

那位老总说，在那样庄重的场合，对方的经理竟然当着客人的面抖动腿，可见没有见过大场面，说明经理女士的素质是非常低的。经理的素质如此之低，其手下的员工的素质也便可想而知了。与低素质的人合作，是要冒极大风险的。我们不愿意拿自己的资金来冒这样大的风险。

一个小小的恶习，破坏了一项合资项目的签订，同时还给合作方留下了素质低下的印象。可见在日常应酬中，一些个人的恶习如果不改，不仅会引起别人的反感，往往也会因此得不偿失。

而女士更应该注意自己的仪态。女人的魅力不在于浓妆艳抹，不在于追求流行时尚，成为"时髦女郎"，而是在因心灵和形体的和谐而散发的仪态之美。一个具有仪态美的女性，应该具有健康美丽的外在、优雅的体态、协调的动作、文明的言行、适度的修饰，并恰当表现出她独有的内在气质。

女士对礼仪的要求尤其需要注意。比如，站立时，上身一定要稳定，双手要安放两侧，不要抱在胸前。和人初次见面或告辞，要不卑不亢，举止得体。拜访别人时，要遵守一般的进退礼节。到别人家中访问，进门之前先按门铃或轻轻敲门，然后站在门口等候。在主人家中，不要任意触摸桌上的东西。在和他人交流时，不要抢先坐下，落座时，身体要微往前倾，不能跷"二郎腿"。平时要养成良好的习惯，不要当着他人的面，擤鼻涕、掏耳朵、剔牙齿、修指甲、打哈欠、咳嗽、打喷嚏。尤其要注意的是，不要在人前化妆。化妆要在化妆室，或卫生间进行。同样，也不要在人前整理头发、衣服，照镜子。

不过我们还是常常遗憾地看到，一些衣冠楚楚、妆饰时尚的女人，会在众目睽睽下做出一些诸如擤鼻涕、搓泥垢、脚从鞋子里钻出来"乘凉"的举动，这大大损害了她们在社交场上的形象，与礼仪的要求极不和谐。因此，每个人应从以下方面入手，维护自己的高雅形象。不要当众搔痒。搔痒动作不雅，而且由于你的搔痒动作当众进行，会令人产生联想，诸如皮肤病等各种症状，使别人感觉不舒服。

要防止体内发出各种声响。生活经验告诉我们，任何人对发自于别人体内的声音都感到不舒服，甚至感到讨厌。诸如咳嗽、喷嚏、哈欠、打嗝、响腹、放屁等，这些响声都会令人觉得你不太舒服或是正在生病，别人会立马感到受威胁或产生联想，继而产生厌恶感。

不要将烟蒂到处乱丢。抽烟的人在许多场合不受欢迎，烟气会对别人的健康产生危害。吸烟者缺乏卫生习惯，如走着路抽着烟，令擦身而过的人害怕烧坏了自己的衣服；随处弹烟灰，使环境受到污染；没有燃尽的烟蒂又令人害怕引发一场不该有的灾难；随处乱扔烟蒂，往往会损坏地毯、地板和环境。有些人还会在其就座的位置旁，随手掐灭烟头，致使烟头留在窗台、墙边、桌边，令人十分反感。

吐痰务必入痰盂。随地吐痰是一种恶习，在一些不发达、不文明、环境恶劣的情况下到处可见。遗憾的是身处文明之地，摩天大楼，身着时髦靓衣的人士有时也会犯此病，乘人不备随地吐痰。这种令人作呕的行为应该坚决杜绝。每一个现代文明人，都应清醒地认识到，是否有人看见你随地吐痰不是问题的关键，关键是因为这种举动，证明你还处于愚昧、落后、肮脏的状态。特别是在商务活动中，应该尽量避免吐痰、清嗓子等毛病。

在交谈中，有气质的女人绝对不会采用以下姿态：

（1）跷起二郎腿，并将跷起的脚尖朝着别人。

（2）打哈欠，伸懒腰。

（3）剪指甲，挖耳朵，抠鼻子，拧鼻涕，剔牙，修指甲，揉眼，搔头发，蹭后背。

（4）跺脚或摆弄手指关节，发出"咔咔"声。

（5）不时地看表，当众照小镜子。

（6）交叉双臂抱在胸前，双腿叉开、前伸，人半躺在椅子上。所有的不良习惯都是逐渐养成的，不是不能改正，就看有没有改正的信心。只要我们时时刻刻注重姿势、动作的美，就可以锻造出优雅的气质。

（1）挺拔的站姿展现人的智慧和气质。端正的站姿给人以挺拔笔直、舒展俊美、积极进取、充满自信之感。标准的站姿应保持身体挺直，收腹挺胸，头部摆正，两眼平视前方，微收下颌，双腿自然并拢，双脚稍稍分开。女性站立时，一般应使双手自然下垂，叠放或相握于腹前，双腿并拢，脚尖分开，角度约为

45度，呈"V"字形。

（2）坐姿最能展现一个人的职业修养，符合礼仪规范的坐姿，能展现出有气质的女人积极热情、尊重他人的良好素养。入座时先要礼让尊长，不可抢在来宾、长辈、上级前就座；无论从什么地方走向座位，通常讲究"左进左出"；穿着裙装的女士要特别注意，入座前先用双手拢平裙摆后再坐下；无论男女，坐下时应尽量不发出声音，即便调整坐姿也要悄无声息。坐时上身挺直，头部放正，双眼平视前方，或面对交谈对象；当面对尊长、贵客而又无屏障之时，双腿应当并拢。避免在尊长、贵客面前高跷"二郎腿"，或将两腿伸向远处。

（3）标准的走姿应优美自然，表情放松，昂首挺胸，略收下颏，立腰收腹，两臂自然下垂，前后摆动，下肢举步应脚尖脚跟相接相送。走路时步幅要适中，直线前行；女性在穿着裙装时，要减小步幅；双肩平稳，自然摆臂；全身协调，匀速行走。

好气质来自好习惯。仪态形象的塑造，非一朝一夕之事，保持良好的仪态是一个好习惯，把这个好习惯融入我们日常的工作生活中，高雅的气质自然就会流露出来，在塑造仪态形象时要做到以下几点：

1. 举止文明。

在公共场合，不随地吐痰，不乱扔果皮纸屑，不大声喧哗；不在他人面前挖鼻孔、掏耳朵、剔牙、擤鼻涕、修指甲、抓痒痒；不在工作场合及禁烟区随意吸烟，对着别人喷烟或吐烟圈。

2. 行为规范。

与客商交谈时，双方要保持同等高度，除非特殊情况，不能使自己高于对方，处于居高临下的位置。对方若为女士，应保持一定距离。对方身份如果高于自己，要与其保持稍远距离，并应把较有利的位置谦让给对方。对于初次见面的客商或来访客人，要亲切、自然、得体地与对方交谈，做到会面有度。递物接物讲究用双手。

3. 动作美观，表情自然。

美国心理学家艾伯特通过实验，把人的感情表达效果总结了一个公式：传递信息的总效果，即情感的表达＝7％的语言+38％的声音+55％的表情。可见，表情在人际感情沟通中占有十分重要的位置。

4.面带微笑。

微笑是全世界共同的语言，没有语意上的差异。微笑既是一门学问，也是一门艺术。微笑是与人交往过程中最具吸引力、最令他人愉悦，也是最有价值的面部表情。在商务活动中，微笑不仅会给我们的工作带来好心情，还会有助于我们顺利沟通各种复杂的人际关系，易于被他人接受，提高工作效益。让我们把微笑主动地给予他人，别人会给你同样的温馨。

正因为有气质的女人，在平时对每一个细微之处着力训练，才养成了仪态万方的迷人举止。

第三章
做世界上最优雅的女人

01 良好的第一印象，
女人成功的资本

别人对你的认识是从第一印象开始的，这种第一印象一旦形成，将很难改变。

研究表明，当一个人见到另一个人时，第一印象往往是在前3秒确定的，而且是在没有任何语言交流的前3秒，因为别人已从你的形象气质窥见了你的基本特征。

在应酬中，如果第一印象不好，想要挽回，就要做很大的努力，所以，一定要特别注意第一印象。

第一印象是非常重要的，因为你不可能再有第二次机会了。一个人的外貌对于他本身有很大的影响，穿着得体就会给人以良好的印象，它等于是在告诉大家："这是一个重要的人物，聪明、成功、可靠。大家可以尊敬、仰慕、信赖他。他自重，我们也尊重他。"

要给人以良好的第一印象，首先要注意服装。

有人会有异议：服装哪会成为问题？应酬的内容最重要。

而现实并不像我们想得那样简单。你看见一个成年人穿了一条牛仔裤，你可能会有轻佻的印象；你看某人穿的长裤裤管正中没有一条线，也会觉得有些不舒服。留意服装的意思并不是要你穿上最流行的、最时髦的衣服，只是你的穿着要让人觉得有整齐、清洁之感。至于衣服是新、是旧，质料是好、是坏，都不成问题。

美国有许多家大公司对所属雇员的装扮都有"规格"，所谓规格自然不是指一定要穿得怎么好看或指定衣料，而是"观感"的"水准"。

专家们所著的书中，提出应酬前的仪表应注意以下几点：

鞋擦过了没有？

裤管有没有线？

衬衫的扣子全部扣好了没有？

面部是否整洁？

梳好头发没有？

衣服的皱纹是否注意到？

不只在美国如此，其实在世界上任何地方都一样。泰国有一家保险公司的外勤人员向公司报告，当他们向农民进行劝说工作时，穿得整齐的人员业绩相对较高，可见农民们本身虽然穿得不好，但对穿得整齐的人，总是较有信赖感的。

我们进行应酬时，应该重视一下现实。要推己及人，不然便会遭受一些不必要的失败。

有一次，诺兰女士在一次技术交流会上结识了一位经理，该经理对诺兰女士所在公司的产品颇感兴趣，于是两人约定了时间准备仔细商谈一下。在前往公司的那一天，下起了大雨，于是诺兰女士就穿上了防雨的旧西服套裙和雨鞋出门。

诺兰女士来到那家公司以后便递出了名片，要求和经理面谈，然而她等了将近一个小时才见到那位经理。诺兰女士简单地说明了来意，没想到那位经理却冷淡地说："我知道，你跟负责这事的人谈吧，我已经跟他提过了，你等会儿再过去吧。"

这种遭遇对诺兰女士来说还是第一次，在回家的路上，她反省着："是哪个地方做错了呢？今天所讲的内容应该是跟平常一样有足够的魅力能够吸引客户的呀？怎么会这样呢？"她百思不得其解。

然而，当她经过一家商店的广告橱窗时，看到自己的身影后恍然大悟，立刻明白自己失败的原因了。平常诺兰女士都穿得很干净、潇洒且神采奕奕，而今天穿着旧西服套裙、雨鞋，看着就像落魄的卖花女，更别提推销了。

别人对你的第一印象，往往都是从服饰和仪表上得来的，因为衣着往往可以表现一个人的身份和个性。办事情顺利与否，第一印象至关重要，不讲究仪表就是给自己打了折扣，自己给自己设置了成功的障碍，不讲究仪表就是人为地给要办的事情增加了难度。

除了讲究外在仪表外，要想留下美好的第一印象还应注意以下方面：女性和陌生人交往时往往会局促不安，这时良好的问候语可能是打破僵局的好办法。问候时如果说："王经理，你好，见到你很高兴。"可以恰当表现自己的热情。而且不要急于出示自己随身带的资料、书信或礼物。只有当对方感兴趣时，才能出示它们。要主动开口谈论问题。要避免不良的动作和姿态。

当然，给人良好的印象不仅仅要靠这些，更要靠内在的素质。内容是最根本的东西，外表仅仅是包装。

02 微笑，
给优雅锦上添花

在纽约的一次宴会上，有一位客人，她是一个拥有巨额遗产的妇人，她非常希望大家能对她有一个良好的印象。她花了很多钱购买貂皮、钻石、珍珠来装扮自己，但她对自己的面部表情却不加注意。她的神情显示出了她刻薄、自私。她不知道每个人都知道的一点：一个女人脸上的表情比她身上穿的衣服要重要得多。

查尔斯·斯瓦伯告诉我说，他的微笑现在已经价值100万美元。他暗示的大概就是这个道理。斯瓦伯的人格、他的魅力、他的使人喜欢他的能力，可以说就是他成功的原因，而性格中最可爱的因素，就是他那令人倾心的微笑。

行为胜于言论，微笑就是在对别人说："我喜欢你，你让我感觉快乐，我喜欢见到你。"

那就是为什么狗会如此讨我们喜欢。它们是何等地喜欢看见我们，喜欢到甚至要从他们的皮里跳出来一样。所以很自然的，我们也喜欢看见它们。

一个没有诚意的微笑也会有这种效果吗？不是的，是不是真诚的微笑我们可以看得出来，那欺骗不了任何人。我们讨厌那种谄媚的、假意的微笑，我们在这里讲的是发自内心的、真诚的微笑，那种能在市场上卖得好价钱的微笑。

纽约一家百货商店的人事经理告诉我，他宁愿雇用一个小学没毕业的女职员，如果她有一个可爱的笑脸，也不愿雇用一位表情冷淡的哲学博士。

如果你希望别人因为看见你而兴高采烈，你就要在见到别人时同样兴高采烈！

我曾请数千位商界人士，在一天中每一个小时都要对别人微笑，一个星期以后到班上来讲述这样做的结果。结果如何呢？我们且看这是纽约证券交易所会员伊丽莎白小姐的一封信。她的情形并非特例，事实上，她只是数百人中的一个代表。

"我结婚已有18年多了，"伊丽莎白小姐写道，"在这期间，在我起床到我预备好出门做事的这段时间里，我很少对我丈夫微笑，或说上二三十个字，我是行走在百老汇街上脾气最坏的一个人。

"当你请我对于微笑的经验做演讲，我就想试一个星期看看。所以第二天早晨，当我梳头的时候，我看着镜中自己沉闷的面孔对自己说，'伊丽莎白，你今天要一扫你往日的愁容，你要微笑，就从现在开始。'在我坐下吃早餐的时候，我向我丈夫打招呼说，'亲爱的！早！'我微笑着看着她。

"你曾提醒我，他或许会惊讶。是的，但是你还是低估了他的反应，他迷惑了，他震惊了。我告诉他，将来这样的事情会变得十分平常。到现在，我已经坚持了有两个月了。

"我就这样轻易地改变了我对生活的态度，在这两个月中，我的家人得到的快乐比过去一年的快乐还要多。

"现在，在我去办公室的时候，我对公寓中开电梯的人说，'早'，并且面带微笑；我对门口的守卫微笑；我在地铁小店里兑钱的时候对伙计微笑；我在交易所对以前我从未见过的所有人微笑。

"不久，我就发觉人人都反过来对我微笑。我对那些来向我报怨诉苦的人，以和悦的神色相待。我静静地听他们抱怨的时候依然面带微笑。因为这样，我觉得调解变得很容易。我觉得微笑每天都给我带来了财富，很多很多的财富。

"我同另一交易员合用一间办公室，他有一个可爱的年轻秘书，我对我近来得到的结果非常满意，所以我就将这人际交往的哲学告诉给了他。然后他非常坦诚地说，当我刚来跟他合用一个办公室的时候，他觉得我是一个脾气坏透了的人——近来他才改变了他的想法，他说我对人微笑的时候真的充满了人性。

"我现在已经不轻易批评人了，我更喜欢欣赏称赞，不喜欢指责。我也已经不再讲我想要什么，而是经常参考别人的意见。这些事都真实地改变了我的生活，我现在跟以前完全不同，我比以前更快乐，生活更丰富，朋友们也更开心——毕竟，这才是最主要的事。"

你不觉得自己应该多笑笑吗？那么怎么办呢？有两件事可以做。第一，强迫你自己微笑。如果你是单独一个人，你就勉强自己吹口哨，或哼哼小调，或唱唱歌。做得好像你很快乐的样子，那就能使你快乐。

威廉·詹姆士曾这样说过："行动好像是跟随着感觉走的，但实际上，行动与感觉是并行的。我们能使直接受意志管理的行动有规律，我们也能使间接受意志管理的情感有规律。因此，如果我们失去了欢乐，这意味着我们得到了重新欢乐的机会，就好像高兴地坐着，高兴地行动说话，就好像高兴已经在那里一样……"

世界上每个人都在寻求快乐——但是只有一个方法可以确实得到快乐，那就是自己控制自己的思想。快乐不关乎外界的情况，它只依靠你内心的想法。

两个人在同一个地方，做同一件事，彼此有同样多的钱与声望——但还是会一个痛苦一个快乐，为什么呢？因为他们的心境不同。

"事无善恶，思想使然。"莎士比亚说。

美国历史上最伟大的总统之一亚伯拉罕·林肯有一次曾说："人们的快乐大多跟他们想要的差不多。"他说得不错。我近来看见的一件事有力地验证了这句话。我从纽约长岛车站下车正往楼梯上走的时候，在我前面有三四十个残疾儿童，他们挂着拐杖非常吃力地往台阶上走，其中一个小男孩还需要有人抱着。但他们欢乐的神情却使我非常震惊。我对这群孩子的负责人说了我的看法，他说："是啊，当初他们知道自己将终生残疾的时候，他们也很惶恐，但惶恐过后，他们知道，他们必须面对已经残疾的事实。所以，他们现在比一些身体健康的孩子还要快乐。"

我从心里真诚地佩服这些残疾的孩子。他们的精神给我上了一课，我希望我能永远地记住。

仔细阅读下面成功学家哈伯德的一点明智的建议吧——但你要记住，如果你不照着去做，阅读是不会给你带来任何效果的。

你每次出外时，请将下巴往里收，把头抬高，深呼吸，吸收阳光，对你的朋友真诚地微笑，每次握手都集中精神。不要怕被人误会，不要浪费每一分钟去想你不喜欢的人。要在心中确定你喜欢做什么，然后勇往直前地大胆去做。把精力集中在你喜欢做的伟大的事情上。在以后的时间里你会发觉，在不知不觉中你就把握住了你梦寐以求的机会。就像珊瑚虫在洋流中得到了它所需要的原质一样。在脑中想象你希望成为的有能力的、诚恳的、有用的人，然后坚持你的思想，时时刻刻改进自己，把自己变成你希望成为的那种人……思想是至高无上的。保持一个良好的心态——勇敢、诚实、乐观的态度。思想就会指导你去创造，所有的愿望都会心想事成，我们心中想什么，我们就会拥有什么。

中国古人非常聪敏——明于世故，他们有一句格言，我们应该把它写在帽子里时刻提醒自己。"非笑莫开店"。

几年前，纽约市的一家百货商店，考虑到圣诞购物高峰期间售货员要承受的巨大压力，在店里挂了这样一个牌子，为我们提供了一套非常实用的家庭哲学：

圣诞节最有价值的微笑。

它不需要任何成本，但却为我们带来很多。

它使受者获益，对予者却没有任何损失。

它发生在一瞬间，但却让人永世不忘。

没有人富到不需要它，但贫穷的人却都因为它富了起来。

它给家人带来欢乐，给生意伙伴留下好感，它是朋友间的暗号。

它可以让疲惫的人得到休息，给失望的人带来光明，他是悲伤者的阳光，是大自然中最好的解毒药。

但它买不到，求不到，借不到，偷不到。因为它在给予以前，对谁都没用！

假如在圣诞节购物的最后一分钟，我们的售货员也许太疲倦，也许太忙碌，以致不能给你一个微笑，请我们留下自己的微笑，可以吗？因为没有人比没有什么可给的人更需要一个微笑了。保持微笑吧。

微笑表明心境良好。面露平和欢愉的微笑，说明充实满足，能善待别人。这样的人一定会感染别人，别人自然乐于与之交往。

03 风度，
让女人更优雅

　　风度是一个人行为准则的外在表现，也是一个人内心态度的外在形式。风度是一个人魅力的重要组成部分。成为一个有风度的人，待人就要宽容一点，遇事就要冷静一点。

　　现代社会，似乎更倾向于野蛮女友，因为她们个性强势似乎在现代社会更吃得开。但是，个性并不代表随心所欲，女子的优雅风度更是性格特质的外在表现，在为人处世上保持风度则会增加成功率。

　　安德莉亚是一家木材公司的推销员。她承认，多年来，她总是明白地指出那些脾气大的木材检验人员的错误。她虽然赢得了辩论，可是一点好处也没有。因为那些检验员和棒球裁判一样，一旦判决下去，绝不肯更改。

安德莉亚看出，她虽在口舌上获胜，却使公司损失了成千上万的金钱。因此，她决定改变技巧，不再与人争辩了。

有一天早上，她办公室的电话响了，一位焦躁愤怒的主顾，在电话那头抱怨运去的一车木材完全不合乎他们的规格，他的公司已经下令车子停止卸货，请木材公司立刻安排把木材搬回去。在木材卸下大约1/4之后，他们的木材检验员报告说，55%不合规格。在这种情况下，他们拒绝接受。

安德莉亚立刻动身到对方的工厂去。途中，她一直在寻找一个解决问题的最佳办法。通常，在那种情形下，她会以她的工作经验和知识，引用木材等级规则，来说服那儿的检验员，那批木材超出了水准。然而，她决定换一种方法来解决问题。

安德莉亚到了工厂，发现购料主任和检验员都闷闷不乐，一副等着抬杠吵架的姿态。安德莉亚走到卸货的卡车前，要求他们继续卸货，看看情形如何。她又请检验员继续把不合规格的木料挑出来，把合格的放到另一堆。

事情进行了一会儿，客户才知道，原来他的检查太严格，而且也把检验规则弄拧了。那批木料是白松，虽然那位检验员对硬木的知识很丰富，但检验白松却不够格，经验也不多。白

松碰巧是安德莉亚最内行的，但安德莉亚并没有对检验员评定
白松等级的方式提出反对意见。她继续观看，慢慢地开始问某
些木料不合标准的理由何在，一点也没有暗示客户检查错了。
安德莉亚认真地请教他，希望以后送货时，能确实满足他们公
司的要求。

安德莉亚以一种非常友好而合作的语气请教客户，并且坚

持要他把不满意的部分挑出来，使客户高兴起来，于是他们之间的剑拔弩张的情绪开始松弛消散了。偶尔安德莉亚小心地提问几句，让客户自己觉得有些不能接受的木料可能是合乎规格的，也使他觉得他的价格只能要求这种货色。但是，安德莉亚非常小心，不让他认为自己有意为难他。

渐渐地，客户的整个态度改变了。最后他坦白承认，他对白松木的经验不多，并且问安德莉亚一些从车上搬下来的白松板的问题。

安德莉亚对他解释为什么那些松板都合乎检验规格。如果他认为不合格，仍可以不收货。弄清楚了问题，错误是在客户自己没有指明他们所需要的等级。

最后的结果是，在安德莉亚走了之后，客户重新把卸下的木料检验一遍，全部接收了，于是安德莉亚的公司收到了一张全额支票。

安德莉在处理这件事的时候并没有大发雷霆，而是保持了自己的风度，并运用一点小技巧，并尽量制止自己指出别人的错误，使公司在实质上减少一大笔现金的损失。而所获得的良好关系，则非金钱所能衡量。

许多文学大师就非常懂得在别人的攻击和恶语相向时，保持风度的必要性。有一次诗人歌德的作品被某一位无知的德国批

评家进行了尖锐的指责，歌德当然不能示弱，于是也进行了反批

评。结果使这位批评家对此耿耿于怀。

　　保持风度，会感染他人，让人际关系更和谐。

04 谦和的
女人更优雅

　　人际交往是一种比较复杂的关系，人的心理也很微妙。每个人都希望拥有自尊，每个人也都希望得到别人的尊重，如果对对方采取一种谦和的态度，对方就会有一种被尊重的感觉。

　　谦和的人之所以受人喜爱，就是因为他们能认识到自己的不足，同时重视别人的存在，时时处处尊重别人，体贴别人，由此很容易使人与人之间的隔膜和疑心冰消雪释。

　　在好莱坞红极一时的爱丝德·威廉斯，以体形优美出名。她演了《出水芙蓉》这一影片之后，成为拍游泳镜头影片中最受欢迎的女明星。

　　她有丈夫也有儿女，这是许多人都知道的。但是，影片公司却认为被人知道没什么，但绝不能被人看见。他们向爱丝德建议，为了保持票房价值，最好避免和丈夫或儿女在公共场合出现。

但是有一次，她带了儿女在机场被记者发现了。记者们认为镜头难得，便请爱丝德和她儿女合拍一张，以便于刊登。

如果你是她，你怎样应付？你也许会说："不要拍呀，拍了我的票房价值要减低！"或者："我的公司说过不要我和儿女一起拍照刊出。"甚至大发脾气："你们拍我抢镜头了！"

可爱丝德的方法是：请大家到候机室坐下来，然后把记者们当做来送机的朋友。她说这次是带孩子们去上学，如果刊出这些小孩子的照片，对他们未来的心理以及在学校里的前途似乎不大好。不知道大家意见如何？

结果，记者们同意了她的看法，只拍了她一个人的照片。

某公司的一个办公室主任说话很啰嗦。办公室主任掌管着整个办公室职员休假的审批权，职员要休假没有她签字是不可以的。于是这位办公室主任"充分"地利用了这一权力，每当有职员找她批假条时，她就做出一副居高临下的神态，嗯嗯啊啊地问这问那，那派头跟法官审犯人差不多，每一次都至少要"审"上半个钟头才能把她的大名签到职员们的休假条上。职员们对此既讨厌又无奈，私下里对这位主任非常愤恨，称她为"碎嘴蟹"，可见职员与主任之间的对立情绪。

罗西曾经在一个报社干过编辑，他们当时的主编奥兰女士50多岁。每天一到报社，罗西都能见到奥兰带着一脸的微笑，并且和每一位编辑、记者乃至勤杂工打招呼。如果有什么问题向她汇报或请教，奥兰女士也总是微笑着，身体微微前倾，认真地听完你的话，然后以感激的口吻说："辛苦了！"或者以商量的口吻说："你看是不是这样……"所以罗西说他每次从奥兰女士的主编室出来，心里都是暖暖的，哪怕是有些建议没有被采纳，也会从奥兰女士那儿得到一句让人心暖的话："这个主意不错，只是还不成熟，让我们一起再酝酿酝酿。"遇到这样的领导，你还有什么好说的。

生活中，像"碎嘴蟹"办公室主任这样的人并不在少数，而且几乎在很多场合都能够碰到。所以在日常应酬中，无论你的谈话对象是谁，都应该给对方一种谦和的感觉，而不要露出一副逼人之态。一位哲学家曾经说过："尊重别人是抬高自己的最佳途径。"的确是一语道破了天机。

很明显，如果让你在"碎嘴蟹"和奥兰女士之间选择一个领导的话，你肯定会毫不犹豫地选择奥兰女士，而且相信所有人都会有相同的选择。因为谦和会给人亲切感，从而赢得人心。如果像"碎嘴蟹"那样，一味地咄咄逼人，一味地耍派头，唯恐别人不知道他"身居要职"，那么最终只能使所有人都讨厌他。

做人境界之高低，往往体现在处理矛盾的不同方法上，有人善于化解矛盾，有人善于激化矛盾。前者自然高妙，后者自然笨拙。同样一句话，可以使人笑逐颜开，也可以使人剑眉倒竖。之所以会产生不同的结果，完全取决于说话者的不同态度。友好的姿态、谦和的语气会让你赢得人心。

第四章
做世界上最成功的职场女人

01 享受工作，
成功就在眼前

　　要不断地提醒自己，鼓励自己。如果你无法从工作中找到乐趣，那么，你恐怕很难从别的地方找到。每个人都要把大部分时间花在工作上，如果你经常给自己打打气，就会从中发现乐趣，或许会带来一些升迁和发展的机会。烦闷会造成疲劳。

　　以爱丽丝小姐为案例，她是一条街道上的打字员，工作结束之后，她常拖着疲惫不堪的身体回到家。她觉得自己腰酸背痛，几乎连饭都不想吃，只想马上倒头就睡。她的妈妈劝说她，她才坐到餐桌旁。这时，电话铃响了，是她的男朋友，他邀请爱丽丝小姐去跳舞。刹那间，爱丽丝的眼睛亮起来了，她精神十足地换好衣服冲出门去。她一直跳舞直到凌晨3点才回来，但此时此刻，她一点儿也不觉得疲倦，恰恰相反，她兴奋得几乎睡不着。难道爱丽丝不想睡足8小时消除疲劳吗？她愿意看起来筋疲力尽吗？的确是这样，她傍晚回家时觉得疲劳，是因为工作让她烦闷，随之对生活也产生了厌烦感。在世界上，像爱丽丝这样的人成千上万，说不定你也是成千上万人中的一个。

许多年前，约瑟夫·巴马克博士曾在《心理学学报》上发表了一篇报告，里面记录着他的一次实验：他安排一大群大学生参加很多实验——都是他们不感兴趣的工作，结果表明，所有的学生都觉得疲劳，而且头疼、眼睛疼、打瞌睡、发脾气，甚至有几个人觉得自己得了胃病。巴马克博士通过化验得知，当一个人开

始烦闷时，身体血液的流动和氧化作用会降低，如果人们觉得工作有趣，新陈代谢就会加速。也就是说，当我们从事自己感兴趣的工作时，状态一般都很兴奋，很少出现疲劳感。哥伦比亚大学的爱德华·戴克博士曾主持过关于疲劳的实验，他通过采用那些年轻人经常借以保持兴趣的方法使他们维持清醒的愉悦长达一星期之久。在经过多次调查之后，戴克博士表示："心情烦闷是致使工作效率降低的唯一真正原因。"

举个例子，最近我到加拿大落基山度假，在路易斯湖畔钓了好几天鲑鱼。在钓鱼的过程中，我要穿过茂密的、比人还高的树丛，跨越很多倒在地上的树枝，我来来回回折腾了8个小时，却丝毫不觉得疲倦。是什么原因呢？很简单，我抓到了6条个头很大的鲑鱼，我兴奋极了，觉得自己不虚此行。但是，如果我觉得钓鱼是一件令人讨厌的事，那么会出现什么后果呢？在海拔7000英尺的高山上来回奔波，我肯定会筋疲力尽的。

不过，即便是纺纱织布这样繁琐的工作，也比不上烦闷带给你的疲倦多。

比方说，伊莉莎女士是一家纺织公司的总经理，她讲述的一件事完全可以证明这一点。1953年7月，为了协助锻炼童子军的能力，当地政府特意邀请了伊莉莎女士作为指导，让童子军进入伊莉莎女士的纺织厂做工，繁杂的工作让小小的童子军成员烦闷不已，他们不是因为劳累而烦闷，而是因为烦闷而觉得疲倦，因为他们对这项工作不感兴趣。伊莉莎女士呢，她绝对不会觉得疲倦，她之所以不会疲倦到精疲力竭的地步，是因为她对这件事情感兴趣。

如果你是一个脑力劳动者，使你感觉疲劳的原因很少是因为你的工作超量，相反是由于你的工作量不够。例如，你还记不记得星期一，你不断地受人打扰，一封信也没有回，跟人家约好的事情一件也没有做，到处都是等待解决的问题，那一天所有的事情都不对头，你一件事情也没有做成，可是回到家时却已经精疲力竭，而且头痛欲裂。第二天，办公室里的所有的事情都进行得相当顺利。你所完成的工作是头一天的40倍，可是当你回到家里的时候，却神采奕奕。你一定有过这种经历，当然，我也有过。

我们可以从这一点上学到什么呢？那就是我们的疲劳通常不是由于工作所引起的，而是由于忧虑、紧张和不快。

心情烦闷会造成工作效率低下，培养轻松、快乐的心境则有助于完成工作任务。

在写这部分的时候，我抽空去看了杰罗米·凯恩主演的音乐喜剧。剧中的主角安迪船长在一段颇有哲理的话里说："能做自己喜欢做的事情的人，是最幸运的人。"这种人之所以幸运，就是因为他们的体力更充沛，心情更愉快，而忧虑和疲劳却比别人少。同样，你兴趣所在的地方也就是你能力所在的地方。你如果陪着一路唠叨不休的太太走几条街，一定会比陪着你心爱的情人走10里路感觉要疲劳得多。

那么，怎么办呢？在这件事情上，你能有什么办法呢？下面就是一位打字小姐所做的事情，这位打字小姐在俄克拉荷马州托沙城的一个石油公司工作。她每个月有几天都得做一件你所能想象到的最没意思的工作：填写一份已经印好的有关石油销售的报表，在上面填上各种统计数字。这件工作实在没有什么意思，她为了提高工作情绪，就想出了一个解决办法，把它变成一件非常有趣的工作。她是怎么做的呢？

她每天跟自己竞赛。她点出每天早上所填的报表数量，然后尽量在下午去打破自己的纪录；然后再计算每一天所做成的总数，再想办法在第二天去打破前一天的纪录。结果怎样呢？她比同一部门其他的打字小姐都快了很多，一下子就把很多很没意思的报表填完了。这样做对她有什么好处呢？得到赞美了吗？没有。得到感激了吗？没有。得到升迁了吗？没有。加薪水了吗？没有。可是这样做却有助于防止因为烦闷而给她带来的疲劳，使她能保持很高的兴致，因为她尽了自己最大的努力，把一件没有意思的工作变得有意思，她就能节省下更多的体力和精神，使她在休息的时候也能获得更多的快乐。我之所以知道这是个真实的故事，因为我就娶了这个女孩子为妻。

下面是另外一位打字员小姐的故事。她发现"假装喜欢"工作很有意思，会使人得到更多意想不到的报偿。她以前很不喜欢她的工作，可是现在却发生了改变。她的名字叫维莉·戈登，家住伊利诺伊州爱姆霍城。下面就是她在信中告诉我的故事：

"在我的办公室里，一共有4位打字员，每个人都要负责替几个人打信件，每过一段时间我们就会因为工作量太大而忙得不可开交。有一天，有一个部门的副经理坚持让我把一封很长的信重打一遍，令我大为恼火。我告诉他，这封信只要改一改就可以，不必重打一遍。而他对我说，如果我不想重打的话，他就去找愿意重打的人来再打一次。我当时气得怒火中烧，可是当我开始重新打这封信时，我突然发现其实有很多人都会跳起来抓住这个机会，来做我现在正在做的这件事情。再说，人家支付我薪水就是要我做这份工作，这样一想，我开始觉得好了很多。这时候，我突然下定决心，尽管我不喜欢这份工作，但我要以假装喜欢它的样子去做。接着，我有了一个重大的发现：如果我假装很喜欢我的工作，那么我就真的能喜欢到某种程度；而且我也发现，当我开始喜欢我的工作的时候，我工作的速度就可以大大加快。因此，我现在加班的时候很少。这种新的工作态度，使大家都认为我是一个非常好的职员。后来，有一个单位主管需要找一位私人秘书，他就让我担任那个职务，因为他认为我很愿意做一些额外的工作而从不抱怨。这件事情证明心理状态的转变能产生巨大的力量。对我来说，这是非常重要的一个发现，它为我带来了奇迹。"

在这里，戈登小姐用了汉斯·维辛吉教授的"假装"哲学，他告诉我们要"假装"自己很快乐。

如果你"假装"对你的工作感兴趣，一点点假装就会使你的兴趣变成真的，并且可以减少你的疲劳、紧张和忧虑。

许多年前，哈兰小姐做了一个决定，结果这个决定使她的生活完全改变了，把一个很没有意思的工作变得饶有趣味。她那份工作的确很没有意思，就是在高中的福利社洗盘子、擦柜台、卖冰淇淋，而其他女孩子则在打球，或是与男孩子约会。哈兰对这份工作很不满意，可是她又不得不接受这份工作，于是，她决定利用这个机会来研究冰淇淋是怎么做成的、里面有什么成分，以及为什么有些冰淇淋比别的好吃。她开始研究冰淇淋的化学成分，结果使她成为那所高中化学课的奇才。后来，她又对食物化学产生了极大兴趣，于是进了州立大学，专门研究食物营养学。后来，还因为研究这个而获得了奖励。

后来，她发现找一份合适的工作非常不容易，于是她就在自己家里的地下室开了一间私人实验室。不久，当局通过一项新法案：牛奶里面所含的细菌必须计数。于是哈兰小姐开始为城里的十几家牛奶公司统计细菌，为此她还需要再多雇佣两名助手。

25年之后，她将会发展到什么程度呢？25年之后，哈兰小姐很可能成为她这一行的领袖人物。而当年从她手里买冰淇淋的那些同学，却很可能穷困潦倒，甚至失业在家。他们只会责怪政府，说他们没有好的工作机会。而哈兰小姐若不是努力把一件很没有意思的工作变得有意思的话，恐怕也同样不会有什么机会。

几年前，一个美丽的姑娘在一家纺织工厂里，因为整天站在一个织布机旁接线而感到非常没有意思。她的名字叫伊丽莎白。她很想辞职不干，可是又怕无法找到其他的工作。既然她非要做这件没有意思的工作不可，她就决定使这个工作变得有意思。于是，她开始和旁边另外一个工人比赛，看谁的接线速度快，看谁看管的纺纱机断线少。就这样，她所看管的纺纱机逐渐成为全车间断线最少，纺纱质量最好的。因此，她被提拔为车间主任，后来成为厂长。要是她没有想到使她那个没有意思的工作变得有意思的话，或许她一辈子只能做一名工人。

琼丝小姐是著名的无线电新闻分析家，她曾给一个朋友讲述了一个很有趣的故事：

她22岁那年，在一艘横渡大西洋的轮船上工作。每天，她的任务就是给船上的客人端茶送水。没多久她就辞职了，然后骑着自行车周游全英国，走完后又来到法国。但是，当她抵达巴黎时，身上的积蓄已经花光了，只好卖掉随身携带的贵重首饰，用这些钱在巴黎版的《纽约先驱报》上刊登了一个求职广告。最后，她成为一名推销员——专门卖一种化妆品。应该说，琼丝小姐做这项工作很不容易，她不会说法语，但挨家挨户推销了一年之后，她居然挣到了5000美金，成为当年法国收入最高的推销员。她是怎样创造这样的奇迹的呢？是这样的。起初，她请老板用纯正的法语把她应该说的话写下来，然后背得滚瓜烂熟。她就这样去按人家的门铃。家庭主妇开门之后，她就开始背诵老板教的推销用语。她的带美国口音的法语使人觉得很滑稽，她趁此机会递上实物照片。如果对方问一些问题，她就把自己的讲稿指给人家看。那个家庭主妇当然会大笑起来，她也跟着大笑，然后再给对方看更多的照片。

当琼丝女士向她的朋友讲述这些事情的时候，她很坦白地承认这种工作实在很不容易。她之所以能挺过去，就是靠着一个信念：她要把这个工作变得有乐趣。每天早上出门之前，她都要对着镜子自言自语说："琼丝，如果你要吃饭、继续生活，就必须做这件事。既然非做不可，何不做得开心点呢？你就假装自己是个演员，正站在舞台上表演，下面是数不清的观众，他们正热烈地注视自己。你现在的工作就和在舞台上演戏一样，多么让人高兴啊！"

琼丝女士告诉她的朋友，她每天给自己打气的那些话，帮了她的大忙，她将一份又恨又怕的工作变成有意思的事情，同时也让她获得了丰厚的回报。

听了琼丝女士的经历，她的朋友问道："现在，有很多美国青年极度渴望成功，您可否给他们一些忠告？"琼丝女士说："很简单，每天早晨跟自己打个赌。大家都知道，早上起床后，我们常常需要一些运动，让自己从懵懂的状态中彻底清醒。但是，我们更需要一些思想上的运动，这样才能真正地活动起来。所以，每天早上给自己打打气！"

每天早上给自己打气是不是一件肤浅、冒傻气的事呢？当然不是，在心理学上，这是非常必要的。1800年前，马可·奥勒留在《沉思录》中写道："我们的生活是由思想创造的。"即便是现在，这句话同样是真理。

要不断提醒自己，鼓励自己。如果你无法从工作中找到乐趣，那么，你恐怕很难从别的地方找到。因为每个人的大部分清醒时间，一般都花在工作上。如果你经常假装对工作有兴趣，为自己打气，就会将疲劳降到最低限度，或许会带来一些升迁和发展的机会。即使没有这些好处，你至少减轻了疲劳和忧虑，这样就可以充分享受闲暇时间。

工作并快乐着，不仅会使你的工作效率提高，还会提升你的生活品质。

02 良好的工作习惯，
让事业腾飞

良好的工作习惯可以提高工作效率，塑造办公室的和谐氛围，促进单位整体形象和效益的提升。

第一个好的工作习惯是：清理办公桌上的所有文件，只留下和手头工作有关的。

如果桌子上堆满报告、信件、备忘录诸如此类的东西，肯定会让人产生混乱、紧张和焦虑。尤其是女性，容易陷入紧张的氛围中。更糟糕的是，它让你觉得自己有100万件事等着处理，但根本没时间，也根本完不成。一旦产生这种情绪，你就更容易患上高血压、心脏病和胃溃疡。

如果你参观过华盛顿的国会图书馆，一定能看到天花板上的一行字——那一行字是著名诗人波普写的：

"秩序是天国的第一条法则。"

约翰·斯托克教授就职于宾夕法尼亚州州立大学医学院，他曾在美国医药学会的全国大会上宣读自己的一篇论文，题目叫《机能性神经衰弱引起的心理并发症》。他的论文列举了11条容易诱发心理疾病的情形，其中有一项"病人心理状况研究"，第一条就是：一种被强迫的感觉，好像要做的一件简单的事情永远也做不完。

第二个好的工作习惯是：按事情的重要程度，安排工作顺序。

女性容易被纷繁复杂的工作分散注意力，导致手上的事情越积越多。这在日常生活中经常见到。海丽女士在周日打算清洗衣物，可是她在清洗衣物的时候发现衣服破了，就觉得要缝补衣物，可是缝补衣物需要缝纫工具，她又开始寻找缝纫工具……就这样，最终她也没有完成清洗衣物的计划。

亨瑞·杜哈提创办了遍布全美的市务公司，他曾说过不管出多么高的工资，都找不到一个同时具有两种能力的人。第一种能力是思考，第二种能力是按照事情的重要程度安排事情。

玛丽女士原本是个默默无闻的人，经过12年的努力，将自己变成一家上市公司的董事长，每年除了10万美元的薪金之外，还有100万美元的进账。她说自己之所以能成功，就在于具备亨瑞·杜哈提说过的不可能同时具备的两种能力。玛丽说："在我的记忆当中，每天我都是早上5点起床，因为这时的头脑最清醒，可以比较周全地计划当天的工作，然后按事情的重要程度，安排处理的先后顺序。"

在美国的保险行业中，伊丽莎白是最成功的推销员之一。她根本不会等到第二天早上五点才开始计划当天的工作，她在头一天晚上就已经考虑好了。她给自己制定了一个目标——一天必须卖掉多少金额的保险，如果没有完成，就累加到第二天，从不间断。

如果萧伯纳没有坚持这一原则，那么他现在很可能还是一个银行出纳，不会成为优秀的戏剧家。他给自己拟定计划：每天至

少写出5页东西，不管是什么。在这个计划的鼓舞下，他整整坚持了9年。尽管在过去的9年里，他每天只能赚到30美元。

当然，人们不可能一直按照事情的重要程度来安排，不过，按照计划做事的好处，绝对超出了随兴致处理问题。

第三个好的工作习惯是：如果碰到必须马上做决定的问题，要坚决果断，千万不要拖延。

凯丽是我从前的学生，她是一家公司的经理，每次开会总要花很长时间，讨论很多问题，但解决的事情少得可怜。而且每个人在会后都要带一大包文件回家，经常看到三更半夜，依然没有结果。

最后，凯丽提出一个建议：每次会议只讨论一个问题，然后马上做出结论，绝不耽搁。虽然得出一个结论需要研究更多的资料，但在讨论下一个问题之前，这个问题一定能解决。凯丽告诉我："改革的结果令人惊叹，因为它非常有效，所有的陈年旧账都解决得清清楚楚，董事们再也不必带着文件回家，而且大家也不再因为问题无法解决而忧虑。"

第四个好的工作习惯是：学会组织，把责任分给下属，让他们去监督和执行。

很多女性非常关注生活和生活中的细节，她们在工作时，往往不懂得如何把责任分给下属，而是喜欢坚持亲力亲为，这种做法无异于自掘坟墓。因为很多细节小事会让她们手忙脚乱，觉得时间不够用，结果产生焦虑、紧张、疲惫。

我们经常见到这样的画面：

在某家人来人往的公司大门口，一位女士正在与收废纸的大妈讨价还价，目的仅仅是为了把废纸多卖几毛钱，可是，公司的一大堆极为紧迫的报告正在等她批复。

在某个企业里，一个女经理正在滔滔不绝地说话，她在安排销售部、市场部、人力资源部等人员的工作，而在办公室里，一个重要的商务谈判正在等着她。

一个管理着大公司的人，如果没有学会组织人员分层监督，那么最可能出现的情况就是他在五六十岁的时候死于由焦虑和紧张引起的心脏病。

我知道学会分层监督非常困难，尤其是对我就更难了。因为如果负责人不理想，会产生很大的灾难。我也从过去的经验中认识到，一个上级主管如果希望自己的生活远离忧虑和紧张，他就必须这么做。

03 真诚赞赏，
让事业插上腾飞的翅膀

天底下只有一个方法能让一个人去做任何事，你想过是什么方法吗？是的，有一个方法，那就是让这个人心甘情愿地做你要他做的事——那就是真诚的赞赏。

记着，除此之外，没有其他的方法。

当然，你可以用一只手枪对着一个人的胸膛，让他愿意把他的表给你；你也可以用恐吓解雇的方法——在你转过身去之前——让你的雇员跟你合作；你还可以用鞭打或威胁，让孩子做你要他做的事。但这些粗笨的方法都会带来非常不利的反面影响。

我能使你愿意去做任何事的唯一方法就是把你所要的都

给你！

你想要什么？

20世纪奥地利最著名的心理学家西格蒙德·弗洛伊德博士说：“能促使我们努力做事的动力原因有两种：性的冲动以及想要成为伟大之人的欲望。”美国大哲学家约翰·杜威教授对这个问题的观点稍有不同。杜威博士说，人类的天性中最深刻的冲动就是“成为重要的欲望。”记住这句话：“成为重要的欲望。”这是很重要的。在这本书中你还会见到许多关于这句话的句子。

你想要什么？其实，我们所求不多，但有几样东西是我们一生都在追求的，这几样东西，我们正常人几乎都需要。包括：

（1）健康的体魄。

（2）可口的食物。

（3）充足的睡眠。

（4）丰裕的金钱以及金钱能买到的所有东西。

（5）未来的美好生活。

（6）性生活的满足。

（7）子女的健康和幸福。

（8）得到他人的尊重。

这八种需求，除了一样以外，几乎所有的都能满足。这种欲望差不多跟食物或睡眠的欲望一样，深切却难以得到满足，那就是弗洛伊德所说的"成为伟大之人的欲望"。也是美国实用主义哲学家杜威所说的"成为重要的欲望"。

林肯有一次在信的开端写道："每个人都喜欢被人恭维。"威廉·詹姆士说："人类天性中最深的本质就是渴求为人所重视。"你注意到，他不说"愿望"或"欲望"或"渴望"为人所重视，他说"渴求"为人所重视。

寻求自重感的欲望是人类与动物的主要差别之一。例如，当我还是密苏里一个农村的儿童时，我的父亲养了几只品种优良的红色大猪和一头良种的白脸牛。我们每年都会带它们去参加在美国中西部镇市举行的家畜展览会。它们非常优秀，经常得奖。我父亲就将得来的蓝缎带奖章用针别在一条白布上，当有朋友或客人来我家的时候，父亲就把白布条取出来。他拿一边，我拿另一边，把缎带展示给他们看。

猪、牛们并不在乎它们赢得的缎带，但父亲在乎，这些奖品给他一种自重感。假如我们的祖先没有这种自重感的热烈冲动，就不会有我们现在的文明。没有对"自重感"的追求，我们跟动物就没什么区别。

因为自重感，一位没有受过教育的极度贫苦的杂货店员，费心地研究他在一只装满家庭杂物的大木桶下找出的法律书籍，你也许已经听说过这位杂货店员的名字，对，他就是林肯。自重感的欲望激励了狄更斯创作他的不朽的小说；自重感的欲望激励了瑞恩在石头上创作他的音乐；自重感的欲望使洛克菲勒积存了一辈子的巨额财富；也是自重感的欲望使你们城里的富翁建造了一座比他实际需要大得多的房子。这个欲望使你要穿最时尚的衣服，驾驶最新款的汽车，谈论你聪敏伶俐的孩子们。

也是这种欲望，使许多儿童误入歧途，前任纽约警察局局长 E. P. 马罗尼说："现在的犯罪青年，都有很强的自尊心，在被捕以后，他们的第一个请求就是要阅读一下使他们能成为一个英雄的低俗的报纸，只要他们能看见自己的照片与罗斯、拉加蒂、爱因斯坦、林白、托斯更尼或罗斯福等名人照片同时出现在一个版面上，以后监狱生活如何，他们似乎一点也不在乎。"

如果你告诉我：你是如何得到你的自重感的，我就可以大致确定你是什么样的人。从哪儿能看出你的性格，对你来说，那是非常重要的一件事。例如，约翰·D·洛克菲勒捐钱在中国的北京建新式医院，治疗成千上万个他从未见过并永远不会见到的贫民，来满足自己的自重感。而狄林格，他让自己感到"有重要性"的方法是，走上邪路。他借做土匪、抢银行、杀人，来得到自重感。当美国联邦调查局对他进行抓捕时，他逃到密苏里的一个农舍，他对农人说："我是狄林格！"他似乎以全国第一号社会公敌为荣，"我不会伤害你，但是你们要知道我是狄林格！"

是的，狄林格与洛克菲勒最重要的差别，就在于他们是如何得到他们的自重感的。

历史上，名人为了自重感而挣扎徘徊的也有很多。就连华盛顿都愿意人们称他为"至高无上的美国总统阁下"；哥伦布请求西班牙女王赐予他"海洋大将印度总督"的名衔；大凯瑟琳拒绝拆阅没有称她为"女皇陛下"的信件；而林肯夫人在白宫中，曾向格兰特夫人像只母老虎般的大声咆哮："你怎么能没有我的允许就出现在我面前！"

1928年，几个百万富翁出钱资助白德大将的南极科考队，他们的要求是用他们的名字来为冰山命名。雨果希望有一天将巴黎改称为他的名字，甚至我们最高权威的莎士比亚也要为他的家族得到一个象征荣誉的徽章，借以增加他名字的光荣。

有的人甚至用装病来得到别人的同情、注意及自重感。例如美国第二十五届总统麦金利的夫人，她一度强迫她的丈夫、美国总统，放下繁忙的国事每晚斜倚在她旁边抱她入睡，每次都要数小时之久，借以得到她的自重感。有一次，为了修补牙齿，她坚持让麦金利留下来陪她，以满足她希望被人注意的痛切欲望。后来，因为麦金利总统与国务卿海·约翰有约，不得不把她一人留在牙医那里，这竟使她大发脾气。

有些专家宣称，人真能精神失常，因为在癫狂的梦境中他们可以找到在残酷的真实世界里得不到的自重感。在美国一所医院中，患神经病的人，比患其他一切病的人合起来还要多。

癫狂的原因是什么？没有人能具体回答出来，但我们知道有些疾病，比如花柳，他可以严重摧残人的脑细胞，最终使人精神失常。实际上，约有一半的精神病患者患病的原因都源于这样的生理疾病，如脑部损伤，醉酒，中毒及外伤。但另一半的精神病患者——这个事实让人惶恐——这一半精神病患者，很明显的，他们的脑细胞机体并没有任何毛病。在死后的尸检中，通过最强力的显微镜研究发现，他们的脑纤维明显的跟我们正常人一样健全。

那么，这些大脑健全的人又为什么会发生癫狂呢？

最近，我向一位非常著名的疯人医院的主任医师请教过这个问题。这位医师是癫狂病的权威，曾在这方面获得过很多荣誉。他非常诚实地说，他不知道那些人为什么会癫狂，没有人明确地知道。但他却说，许多癫狂的人，在癫狂中，他们找到了在现实世界中不能获得的自重感，然后，他向我讲了这样一个故事：

我现在的病人中，有一位，她的婚姻非常不幸。她需要爱情、性欲的满足，孩子及社会对她的尊重，但现实生活打破了她所有的希望。她的丈夫不爱她，甚至拒绝与她一同进餐，并且强迫她服侍他在楼上的房间里吃饭。她没有孩子，没有社会地位，因此她癫狂了，但是在她的幻想中，她与她的丈夫离了婚，恢复了本姓。她现在相信她嫁给了一位非常爱她的英国贵族，她坚持要人称她为史密斯夫人。至于她渴望的孩子，她现在幻想着她每夜都会有一个新的孩子，每次我来看她的时候，她都会跟我说："医生，我昨夜又有了一个宝宝。"生活曾一度将她所有梦想的船，沉没在现实的礁石上；但在癫狂的光亮幻想的岛屿间，所有她的小船都驶入了港中，波涛澎湃，直击天幕，风吹帆桅，啸啸作声。

悲惨吗？噢，我不知道。她的医生对我说："如果我能让她恢复神智，我也不愿那样做。因为现在的她活得很快乐。"

安娜曾经被高薪聘请，年薪50万美元。

安娜说她之所以获此高薪，大部分原因是因为她懂得为人处世的艺术。我问她是怎么做的，下面就是他亲口所述，这些话应被镌刻下来。如果我们果真能遵照这些话去做，我们的生活势必大异往昔。安娜说："我认为，我有激发人们的热情的能力，这个能力是我最大的资源、优势，能让一个人充分发挥他身体里潜在的能量的方法就是赞赏和鼓励。世界上最能抹杀一个人的志向的就是来自上司的批评。我从来不批评任何人，我相信鼓励能给人更多的工作动力。所以我更喜欢称赞，不愿意纠错。如果问我最喜欢的一句话，那就是：诚于嘉奖，宽于称道。"

这就是安娜所做的，但普通人的做法正好与这相反。如果他不喜欢一件事，就竭力挑错；如果他真的喜欢，就会什么也不说。就像古老的俗语所说的"好事不出门，坏事传千里"。

"在我的一生与世界各地的不同层次的人都有过广泛的交往，"斯瓦伯说，"我发现每一个人，无论他是如何的伟大，地位如何的高，都是在被赞许的精神下比在被批评的精神下更能成就好事，尽更大的能力的。"

老实说，这就是安德鲁·卡耐基取得惊人成功的一个显著的理由。卡耐基不但经常公开赞美别人，私底下他也经常这样。卡耐基甚至在他的墓石上还不忘称赞他的助手，他为他自己写的碑文如下："埋葬于此的是一个知道如何与比他自己更聪敏的人相处的一个人。"

诚恳的赞赏是艾伦女士人际交往成功的一个秘诀。例如，有一次，她的一位同伙贝蒂女士决策失误，使一桩在南美的生意失败，公司损失了100万美元。艾伦女士完全可以狠狠地批评她一下，但她知道贝蒂女士已经尽了力——这件事已经告一段落，所以艾伦女士找了一些其他的理由来称赞贝蒂女士，她向贝蒂女士恭贺，说正因为她，公司才得以保全60%的投资。"已经很好了，"艾伦女士说，"我们不可能把任何事都做得毫无差错。"

我班上的一名学员给大家讲述了他太太提出的一个要求。她和其他几位女士参加了一种自我训练与提高的课程，回家后，她要先生列出6种能让太太变得更加理想的事项。这位先生说道："这个要求真让我吃惊。坦白地说，要我举出6件事实在简单不过——天晓得，我可是能列出上千个希望她变得更好的事项——但是，我没有这么做，我告诉她：'让我想想看，明天早上再告诉你。'

"第二天早上，我起了个大早，打电话要花店送6支红玫瑰给我太太，并且附上纸条写着：'我想不出有哪6件事希望你改变，我就喜欢你现在的样子。'

"傍晚回家的时候，你想谁会在门口等着我呢？对啦，我太太！她几乎含着眼泪在等我回家。没必要再说什么了，我很高兴没有照她的请求趁机批评她一番。

"接下来的星期天她再去上课的时候，她把事情经过向其他人讲述出来，许多太太走过来告诉我：'这真是我听到过的最善解人意的事。'我也因此体会到赞赏的力量。"

佛罗伦兹·齐格飞，百老汇最惊人的歌舞剧家，他因有"使美国女子显赫"的技能而得名。他多次将没人愿意再多看一眼的平凡女子打造成在舞台上具有神秘诱惑的尤物。他知道赞赏和坚信对一个人有很大的力量。因此，他用赞美和鼓励使那些平凡的妇女"感觉"自己是非常美丽、非常吸引人的。他很实际，他增加歌女们的薪金，由每星期30美元增加到175美元。他也非常慷慨，重义气，在福立士歌舞剧开幕之夜，他发了一份电报给剧中的主要演员，并给每个表演的舞女都送了一束美丽的美国玫瑰花。

我有一次也赶潮流，绝食六天六夜。那并没什么困难的，在第六天的最后，我的饥饿感比在第二天的最后的饥饿感还要少。但是，我知道，我们大家都知道，如果有人让他的家人或雇员六天六夜没吃东西，那他就犯了大罪，但他们却会六天，六星期，甚至是60年不给他们像期望食物一样的赞赏。

　　我们照顾我们的孩子、朋友、雇员的身体，但我们对他们自尊心的照顾是何等的缺乏啊。我们给他们牛排山薯强壮他们的体魄，但我们却忽略了给他们赞赏的温和言语，这样的话语能像晨星的妙音似的，即使过了很多年，还依然在他们的记忆中萦绕。

　　正如爱默生所说："凡我所遇见的人，都在若干地方胜过我。在那若干地方，我都得向他们学习，因为我们从他们身上学到了东西。"

　　如果爱默生是这样，那我们是不是更应该这样？我们不能总想着我们的成就、我们的需要。我们也应该发掘别人的优点，然后，不是对他们奉承谄媚，而是真诚地给他们以赞赏。

"诚于嘉许，宽于称道"，人们就会将你的话珍藏，终生不忘——多年以后，也许你早已忘了当初说过的话，但他还仍牢记在心。

04 了解对方的需求，
   事业成功的必要条件

　　每年夏天，我都会到缅因州一带去钓鱼。我个人是很喜欢吃杨梅和奶油的，但是，我发觉到了，不知出于什么理由，鱼喜欢吃虫子。所以每当我去钓鱼的时候，我想到的不是我想要什么，而是鱼儿想要什么。我不用杨梅或是奶油去引诱鱼儿，而是吊起一只蚱蜢在鱼的面前问鱼儿："你要吃这个吗？"

　　当"钓"人的时候，我们为什么不用同样的理论常识呢？

　　第一次世界大战期间，英国首相劳合·乔治就用了这样一种方法。有人问他，他是怎样做到的，跟他同一时期的领袖如威尔逊、奥兰多及克里蒙梭都已经退职，甚至被遗忘了，而他仍然在国家事务中身居要职，他回答说，如果他的留居高位可以归功于一件事的话，这件事恐怕就是他已经明白钓鱼时必须放对鱼饵这件事。

为什么要谈论我们想要什么？那多孩子气，多荒唐。当然，你注意你所要的，除了你，没有别人注意。其余的人也都像你一样，只注意自己想要的，都对自己想要的感兴趣。

所以，世上唯一能影响对方的方法就是谈论他们所要的，并告诉他怎样才能够得到它。

当明天你要让某人做某事的时候要记住这个。比如，如果你不愿意让你儿子吸烟，不要教训他，也不要给他讲道理，你只要告诉他吸烟就进不了棒球队，或不能在百米赛跑中获胜。

不论你是应对小孩、小牛，或是猴子，你都要记住这一点。例如：有一天，爱默生和他的儿子要把一头小牛拉进牛棚，他们就犯了普通人都会犯的错误——只想自己所要的，爱默生推，他的儿子拉。但小牛也像他们一样，只想自己想要的，它挺起腿，非常坚定地拒绝离开草地。正好一位爱尔兰女仆看见了这样的一幕，这位爱尔兰女仆不会写文章，没什么知识，但至少在这次，她比爱默生多懂得一些生活中实用的知识。她想到小牛所要的，所以她将她的拇指放在小牛的嘴里，小牛一面啜吮她的手指，一面温和地跟着她进了牛棚。

从你降生之日起做的每一种举动，都是因为你想要一些东西。你会说，捐助红十字会应该怎么说呢？是的，那也不例外。你捐助红十字会，因为你要帮忙，因为你要做一件善良、美好、无私、神圣的事。

哈里·A·奥佛伊莎贝尔里特教授在他那本影响巨大的书——《影响人类行为》一书中说："行动受我们基本欲望的牵动……无论在商业、家庭，还是在学校中，如果你想说服别人，最好的建议就是，让对方在心中激起一种急切的需求。你能做到这点就可左右逢源，否则你就会到处碰壁！"

嘉莉，一个贫苦的苏格兰儿童，刚开始工作的时候，每小时只有2美分，后来，她却捐献出36 000美元——因为她很早就知道影响人的唯一方法就是要了解对方的需求。她只读过4年的书，但她懂得如何与人相处。

嫂子对她的两个儿子忧虑成疾，他们都在耶鲁大学读书，他们常年忙于自己的事情，因而忘记写信回家，对于他们母亲的担心，也不放在心上。于是嘉莉拿出100美元打赌，说她可以让两个孩子立刻心甘情愿地写信回家。于是，她给她的两个侄子写了一封闲聊家常的信件，在信末她提到会给他们两个每人5美元。但嘉莉并没有把钱装入信封。很快，两个侄子回信了。在信中，他们谢谢"亲爱的姑姑"给他们写信，还有下面的情况我想就不用再讲了，你们也都知道了。

俄亥俄州克利夫兰市的艾达提供了另一个有说服力的例子。一天晚上，她下班回家，发现他的小儿子蒂米躺在客厅地板上又哭又闹。蒂米明天就要开始上幼儿园，但他说什么也不愿意去。如果是在平时，艾达的反应就会是把蒂米赶到房间，叫他最好还是决定去上幼儿园，他没有什么好选择的。

但是在今天晚上，她认识到这样做无助于蒂米带着好的心情去上幼儿园。于是，艾达坐下来想："如果我是蒂米，我为什么会高兴地去上幼儿园？"她和丈夫列出了所有蒂米在幼儿园会喜欢做的事情，如用手指画画、唱歌、交新朋友等。然后他们就采取行动。

艾达说："我的丈夫汤姆，我另一个儿子鲍布，还有我，开始在厨房的桌子上画指画，而且真的感受到了其中的乐趣。不一会儿，蒂米就在墙角偷看，然后他就要加入我们。'噢，不行！你必须先到幼儿园学习怎样画指画。'我对他说。我以最大的热忱，以他能够听懂的话，把我和我丈夫在表上列出的事项解释给他听——告诉他所有他会在幼儿园里得到的乐趣。结果，在第二天早晨，我以为我是全家第一个起床的人。我走下楼来，发现蒂米坐着睡在客厅的椅子上。'你怎么睡在这里呢？'我问他。'我等着去幼儿园。我不想迟到。'我们全家的热忱已经在蒂米的心里引起了一种强烈的欲望，而这是讨论或威吓完全无法做到的。"

明天你再要劝说某人去做某事的时候，在你说话以前，先问问自己："我怎样才能使他'要'做这件事？"

这个问题可以让我们不会过分急躁，也不会使我们只顾自己的需要而啰啰嗦嗦，无休止地谈论我们的欲望。

有一次，我租下纽约一家大饭店的跳舞厅，准备做系列演讲用，每季度租20个晚上。

在某一季刚开始的时候，我忽然接到饭店的通知，他们要我付从前三倍的租金租下跳舞厅。我听到这个消息的时候，演讲的入场券已经印发，通告也已经公布。

当然，我很不愿意多付增加出来的租金，但与饭店经理理论又有什么用？他们只对他们想要的感兴趣。于是两天以后，我去见了饭店的经理。

"我接到你的信时有点惊惶，"我说，"但我绝不怪你。假如现在我是你的话，恐怕我也会写同样的一封信。这是你当经理的责任，你就要尽力为饭店盈利，如果你不那样做，饭店的老板恐怕就要辞掉你，并且你也应该被辞退。如果你坚持要增加租金的话，现在，让我们拿来一张纸，我们就在纸上分析一下这件事对你的利和弊。"

我取了一张信纸，在中间画一竖线，一边的上面写上"利"，一边的上面写上"弊"。我在"利"的这边的下面写着："跳舞厅可作他用"几个字。然后，我接着说："你们的好处是大厅可以空出来，你可以另外把跳舞厅出租给人跳舞或开会，或是发挥他更能赚钱的作用，对你来说，那非常有利。因为像那样的事，你的收入，比从演讲这里所能得到的要多。如果我在这一季占用你的舞厅20晚，你一定会丢掉那些赚钱的大生意。

"现在，让我们来讨论一下加租的弊端。首先，我占用跳舞厅演讲，不能让你增加饭店的收入，相反，饭店收入还会减少。事实上，你会没了这些收入，因为我付不起你的租金，迫不得已，我要去别处演讲。对你还有的一个不利就是，我的演讲能吸引很多的有知识的人到你的饭店来，那对饭店来说是非常好的宣传机会，是不是？事实上，如果你花费5000美元在报纸上登广告，也不会使来你饭店的人比我演讲吸引的人更多，这对饭店来说是非常合算的，是不是？"

我边说话边将这两个害处写在"弊"的这一边，然后把那张纸递给经理说："我希望你仔细考虑一下其中的利害，然后，把你最后的决定告诉我。"

第二天，我就接到了经理的来信，他通知我，租金只加50%，而不是300%。

请你注意，我没有说一个句关于减租的话，我一直都在讲对方所要的，并且告诉他怎样才能得到它。

假如，当时我按照普通人的做法，闯入他的办公室，对他说："演讲会的入场券已经印好，通告也已经发布了，你现在要给我涨3倍的租金是什么意思？3倍？你不觉得太荒谬，太不近人情了吗？我不付！"

如果是这样，那么接下来的情形又会是怎样的？激烈的辩论就要开始沸腾、扩散，而你也知道辩论会是如何收场的。即使我说得他相信他是错的，他的自尊也不会让他退让的。

这儿有一个关于人际交往的很好的建议。那是亨利·福特给出的忠告。福特说："如果有所谓的成功的秘诀的话，那就是你站在对方的立场，由他的观点看事，同时兼顾自己的观点。"

这句话好极了，我要重复一遍，"如果有所谓的成功的秘诀的话，那就是你站在对方的立场，由他的观点看事，同时兼顾自己的观点。"

这个道理很简单，很明显地，任何人只要一看就能知道其中的道理，但世上90％的人，在90％的时间里都忽略了它。

要举个例子吗？明早看一看你桌子上的信吧，你可以看出，大多数人都违反了这种普遍的规律。

这里有一封信，是一位大运货站管理员写给我班中一位学员艾丽莎女士的。这封信对于收信人有什么影响呢？先读这信，然后我再告诉你。

亲爱的艾丽莎女士：

敝货运站因大部分送交货物者都于傍晚交到，大量货物同时到达，这种情形引起我们货运站的运输工作停滞、职工加班、卡车发车迟缓，最终导致货物延迟等结果。11月10日，我们收到贵公司发来的511件货物，所有货物都是下午4时20分方才到达。

为减少货物迟收带来的不良影响，我们恳请贵公司能与我们合作。如果再发送如上述大宗货物的时候，可否请竭力使卡车提早到达，或将一部分货物上午送来？

这样，对于你们的利益，你们的卡车能有效循环，及你们的货物能即刻发出都会得到有效的保证。

您最忠诚的

JB管理人

艾丽莎女士读完这封信以后，写下下列意见后把信交给了我。

这封信所产生的效果与写信人的用意正好产生相反的效果。这封信从一开始就在叙述货运站的困难，一般来说，这是我们不会注意到的。然后，他再要求我们与他们合作，丝毫没有想到我们是否有什么不方便。于是，在最后一段，提到如果我们合作，我们的卡车就能有效循环利用，保证我们的货物可以在收到之日即刻发出。

换句话说，他把我们最注意的事到最后提到，整个信件产生的作用是我们更加反感，而不是想跟他们合作。

我们且看能否将这封信重写，加以改善。我们且不要浪费时间讲我们的问题，正如亨利·福特所忠告的，让我们"站在对方的立场，由他的观点看事，同时兼顾自己的观点。"下面是一种修改的方法。也许不是最好的方法，但是不是有所改善呢？

亲爱的艾丽莎女士：

贵公司为我们的好主顾已14年了。自然，对于你们的光顾，我们是很感激的，并极愿把你们应得的迅速有效的服务给你们。但是，我很抱歉，当你们的卡车，如11月10日那样，在傍晚交下大批货物，在这样的情况下，我们很难将贵公司的货物及时送达。为什么呢？因为许多其他的顾客也在傍晚交货。自然的，你们的卡车会在码头受阻，有时甚至你们的货物也会延误。

此种现象极为不佳。怎样避免呢？方法是有的，你们可以将货物于上午交到码头。这样，你们的卡车就可以继续流动，你们的货物就可立刻得到处理，而我们的工人也可每晚提早回家，饱餐贵公司出品的鲜美的馄饨和面条。

无论你们的货物何时到达，我们总愿竭力迅速地服务于你们。你公务很忙，请不必费神回复。

你最忠诚的JB管理人

不计其数的推销员，每天徘徊在路上，疲乏、颓丧，但报酬甚少。为什么？因为他们永远只想他们所要的。他们不明白你我都不想买东西，假如我们要买，我们也会自己跑出去买。我们永远注意解决我们的问题，而假如一位推销员向我们解释说明他的服务或货品，能如何帮助我们解决我们的问题，即使他不向我们推销，我们也会买。买主都喜欢觉着他是自动想买——而不是被人推销的。

但是，许多推销员终其一生的光阴于售卖工作，而不从买主的立场看事情。

几年前，爱丽丝女士在纽约中心的一处住宅区居住，有一天，她正开车去车站的时候，碰巧遇见一位房地产经纪人，他在长岛买卖房产有几年了。对这处住宅区一带的情况很熟悉，于是，爱丽丝女士问他知不知道房子是用钢筋还是用空心瓦造的，他说他不知道，并告诉爱丽丝女士一些她早已经知道的事情，这些事，爱丽丝女士完全可以打电话向住宅管理中心询问。第二天早晨，爱丽丝女士接到了这位房地产经纪人的一封信，这位房地产经纪人把爱丽丝女士想知道的事情告诉她了吗？他只需花60秒钟的时间打一个电话就可以知道爱丽丝女士想要的答案，但他没有这样做。他再次告诉爱丽丝女士，她可自己打电话咨询一下，然后他告诉爱丽丝女士，他愿意为爱丽丝女士办理房屋保险。

他不想怎样能帮助我，他只想帮助他自己。

世界上有很多这样的人，攫取、自私。所以少数不自私的人，愿意为他人服务的人，就会获得很大的利益，因为没有人会在这方面与他竞争。

美国著名的律师、有名的商业领袖欧文·杨曾说过："能设身于他人处境的人，能了解他们心理活动的人是不必为他们的前途顾虑的。"

05 保全面子，
事业成功的润滑剂

　　人经常会把自己的面子看得比什么都重要，即使他明明知道自己错了，但在众人面前也要"死扛"面子，其实，这是人的自尊心使然。所以，不论什么场合，不要与别人据理力争，哪怕你有一万个理由可以证明你是对的，也不要不顾一切地批驳对方，非要让对手心服口服，那样，他会感觉自尊受到伤害。人人都爱面子，你给他面子就等于是给了他一份厚礼。

　　几年以前，一家大型电器面临一项需要慎重处理的工作：免除泰勒小姐担任的某一部门的主管职务。泰勒小姐在电器方面有超常的天赋，但担任计算部门主管时却遭到彻底的失败。不过，公司却不敢冒犯她，公司绝对少不了她——而她又十分敏感。于是他们给了她一个新头衔，让他担任"公司顾问工程师"——工作还是和以前一样，只是换了一个新头衔——并让其他人担任部门主管。

对于这一调动，泰勒小姐十分高兴。

公司的高级人员也很高兴。他们已温和地调动了这位最暴躁的职员的工作，而且他们的做法并没有引起一场大风暴，因为他们让她保住了面子。

保住别人的面子，这是非常重要的问题，而我们中却很少有人想到或做到这一点。我们残酷地抹杀他人的感觉，又自以为是；我们在其他人面前批评一位小孩或员工，找差错，发出威胁，甚至不去考虑是否伤害到别人的自尊。然而，一两分钟的思考，一两句体谅的话，对他人的态度能够宽容的了解，都可以减少对别人的伤害。

一个事业有成的人，绝不可能性格孤僻，杜绝与人沟通和交流。交往中的一切必须依赖人与人之间的互相沟通与交流。

假如我们是对的，别人绝对是错的，我们也会因为让别人丢脸而毁了他的自我。传奇性的法国飞行先锋和作家安托安娜·德·圣苏荷依写过："我没有权利去做或说任何事以贬抑一个人的自尊。重要的并不是我觉得他怎么样，而是他觉得他自己如何，伤害他人的自尊是一种罪行。"

当一个人已经做出一定的许诺——宣布一种坚定的立场或观点后，由于自尊的缘故，便很难改变自己的立场或观点，此时你若想说服他，就必须顾全他的面子，为对方铺台阶，如说一些对对方有利的话。

"在那种情况下，任何人都想不到。"

"当然，我理解你为什么会这样想，因为当时你并不清楚事情的经过。"

"最初，我也这样想的，但后来我了解到全部情况，我就知道自己错了。"

一家百货公司的一位顾客，要求退回一件外衣。她已经把衣服带回家并且穿过了，只是她丈夫不喜欢。她解释说"绝没穿过"，并要求退换。

售货员检查了外衣，发现有明显干洗过的痕迹。但是，直截了当地向顾客说明这一点，顾客是绝不会轻易承认的，因为她已经说过"绝没穿过"，而且精心地伪装过。这样，双方可能会发生争执。于是，机敏的售货员说："我很想知道是否你们家的某位成员把这件衣服错送到干洗店去。我记得不久前我也发生过一件同样的事情。我把一件刚买的衣服和其他衣服堆在一起，结果我丈夫没注意，把那件新衣服和一大堆脏衣服一股脑儿塞进了洗衣机。我怀疑你是否也会遇到这种事情——因为这件衣服的确看得出有已经被洗过的痕迹。不信的话。你可以跟其他衣服比一比。"

顾客看了看证据——知道无可辩驳，而售货员又已经为她的错误准备好了借口，给了她一个台阶下。于是，她顺水推舟，乖乖地收起衣服走了。

这应该是每个说服者都懂得的——让人们保全他们自己的面子。

一旦发现他人出现错误，我们很多人往往首先想到的就是如何批评，使之改正。事实上，与批评相比，鼓励似乎更容易使人改正错误，并且更易让对方去做你所期望的事情。所以，当他人出现错误时，你首先应该考虑一下，是否非得批评不可，应该怎样批评？如果可能的话，要尽量采取鼓励的方式，这样一方面可以达到让对方知错改错的目的，同时也不影响你们之间的关系。

你要是跟你的孩子、伴侣、雇员说他或她做某件事显得很笨，很没有天分，那你就做错了，这等于毁了他所有求进步的心。但如果你用相反的方法，宽宏地鼓励他，使事情看起来很容易做到，让他知道，你对他做这件事的能力有信心，他的才能还没有完全发挥，这样他就会练习到黎明，以求自我超越。

那么，到底怎样才能创造亲密的合作关系呢？那就是向你的同事表示尊重与同情，并肯定他们个人的价值。

大部分成功的人都通过实践证实，要维护他人的自尊，绝非一两次的表态可以奏效，它是由许多次日常接触所形成的一种过程。

琳达小姐在纽约人寿保险公司工作，寿险是个与纺织完全不同的行业，不过她知道有些原则是完全一致的。在保险业中，对业务员的日常关切是最重要的。因为在保险业里，业务人员就等于是公司本身。业务员如果业绩不佳，不久就连公司都将无立足之地，事情就是如此直截了当。

多年前，琳达小姐曾任职于一家国际保险公司。当公司迁入一座新大楼后，跟以前不同的是这大楼中还有几家其他的公司。琳达小姐希望在搬迁之后，原来所维持的重要的个人接触并不因迁移而遭到疏忽。所以，她到新大楼上班的第一天，第一件事就是走到安全人员台前。琳达小姐回忆当时的情景："当时有十来位安全人员，我请他们都围拢来，结果发现他们除了知道我们公司的名称之外，连我们从事保险业都不清楚。于是我对他们说：'各位！我们在这个城市有几位很重要的业务代表，如果你们发现来的人是业务代表，我们一定得给予最隆重的欢迎，我是说尽量让他觉得备受重视，如此便得劳驾你们亲自送他上七楼找到他所要会见的人，也请你们一定要配合帮忙。'后来我听到一些业务代表谈起他们来到这栋大楼所受到的礼遇，他们都感到很高兴。"

　　所有的这些小动作加起来就是一个很重要的整体结果，那就是：人们会对自己觉得很满意。员工只要相信公司关心他们、了解他们的需要、维护他们的自尊，就会以努力工作达成公司目标作为回应。

　　每一个人都有着他的自尊心，如果你对他所说的话能够表示同意，这就是尊重他的意见，他在无形中把自己抬高了，而这抬高他的人便是你，自然他对你是十分喜欢的，他愿意和你做朋友。反过来，你不能对他表示同意，这显然是你站在和他敌对的地位，你是他的敌人而不是友人，他能不和你为难吗？所以在说话的时候，这一点是我们应该加以注意的。你想做成什么事，一定要让别人保住面子。

第五章

做世界上最受欢迎的女人

01 恰当称呼对方，
打动人心的第一步

　　一个人的名字对他来说，是所有语言中最甜蜜、最重要的声音。我们记住了对方的名字，并叫出来，是对他最大的赞美。

　　有时候要记住一个人的名字真难，尤其当它不太好念时。一般人都不愿意去记它，心想：算了！就叫他的昵称好了，而且容易记。爱丽丝女士拜访了一个名字非常难念的顾客。他叫尼古得玛斯·帕帕都拉斯，别人都只叫他"尼古"。爱丽丝女士在拜访他之前，特别用心地念了几遍他的名字。当爱丽丝女士用全名称呼他，向尼古得玛斯·帕帕都拉斯先生问候早安的时候，他呆住了。过了几分钟，他都没有答话。最后，眼泪滚下他的双颊，他激动地告诉爱丽丝女士，他在这个国家十五年了，从没有一个人会试着用真正的名字来称呼他。

丽莎是一家公司的CEO，她知道怎样为人处世，这就是她做大企业的原因。小时候，她就表现出非凡的口才与经商能力。当她10岁的时候，她就发现人们对自己的姓名看得惊人的重要。她利用这项发现，去赢得别人的合作。比如，她孩提时代在苏格兰的时候，有一次抓到一只兔子，那是一只母兔。她很快发现了一整窝的小兔子，但没有东西喂它们。可是她有一个很妙的想法，她对附近那些孩子们说，如果他们找到足够的苜蓿和蒲公英，喂饱那些兔子，她就以他们的名字来替那些兔子命名。

许多年以后，她在商业界利用同样的人性弱点，赚了上百万元。例如，她收购了一家公司，而艾格·汤姆森正是担任该公司的董事长。因此，丽莎在匹兹堡建立了一座巨大的钢铁工厂，取名为"艾格·汤姆森钢铁工厂"。

丽莎这种记住及重视他朋友和商业人士名字的方式，是她成功的秘诀之一，她以能够叫出许多员工的名字为傲。

人际往来常常是频繁而短暂的。若能在这短暂的见面中，记住对方的名字，对方就会有一种被重视的感觉。这一点，对人际关系绝对有很大的积极作用。

记住别人的名字并运用它的重要性，并不是国王或公司经理的特权，它对我们每一个人都是如此。

沙丽斯，是印度通用汽车厂的一名雇员，她通常在公司的餐厅吃午餐。她发觉在柜台后工作的那位女士总是愁眉苦脸。她做三明治已经做了快两个小时了，沙丽斯对她而言，又是另一个三明治。沙丽斯说了所要的东西，她在小秤上称了片火腿，然后给了沙丽斯几片莴苣，几片马铃薯片。

隔一天，她又去排队了。同样的人，同样的脸，不同的是，沙丽斯看到了她的名牌。沙丽斯笑着叫她"尤尼丝"，然后告诉她要什么。她真的忘了什么秤不秤的，她给了沙丽斯一堆火腿、三片莴苣和一大堆马铃薯片，多得快要掉出盘子来了。

我们应该注意一个名字里所能包含的奇迹，并且要了解名字是完全属于与我们交往的这个人，没有人能够取代。名字能使人出众，它能使他在许多人中显得独特。我们所做的要求和我们要传递的信息，只要我们从名字这里着手，就会显得特别重要。不管是员工还是总经理，在我们与别人交往时，名字会显示它神奇的作用。

试想，当你叫出对方的名字，他会多么地受宠若惊。当然他的快乐就更不用说了。

多数人不记得别人的名字，只因为不肯花必要的时间和精力去专心地、重复地、无声地把名字根植在他们的心中。他们为自己找出借口：因为总是太忙了。

一家商业股份有限银行的董事长奥兰女士相信，公司愈大就愈冷酷。她认为唯一能使它温暖一点的办法，就是记住人的名字。她说，假如有个经理告诉她，无法记住别人的名字，就等于在说，他无法记住一个很重要的工作，而且是在流沙上做着他的工作。

加州的凯伦·柯希，是一位环球航空公司的空乘。她经常练习去记住机舱里旅客的名字，并在为他们服务时称呼他们。这使得她备受赞许，有直接告诉她的，也有跟公司说的。有位旅客曾写信给航空公司说他好久没有搭乘环球航空的飞机了，但从现在起，一定要环球航空的飞机他才会搭乘。因为他觉得航空公司好像是专属化了，这对他来讲有很重要的意义。

莉莉小姐每次乘车时，都使那位普尔门列车上的黑人大厨觉得自己很重要，因为她总是称呼他"古柏先生"。有15次，莉莉小姐旅行美国，在各地热烈的听众面前表演，每一次她都占着一节私人车厢，在音乐会之后，那位大厨就替她准备好夜宵。在所有的那些岁月中，莉莉小姐从来没有以美国的传统方式称呼他为"乔治"，莉莉小姐总是以他那古老的正式方式，称呼他"古柏先生"，使古柏先生很高兴。

人们对自己的名字很骄傲，不惜以任何代价使他们的名字永垂不朽。即使盛气凌人、脾气暴躁的RT.巴南，也曾因为没有子嗣继承巴南这个姓氏而感到失望，愿意给他外孙子CH.西礼25 000美元，如果后者愿意自称巴南·西礼的话。

几个世纪以来，贵族和企业家都资助着艺术家、音乐家和作家，以求他们的作品中能够留下自己的名字。

图书馆和博物馆最有价值的收藏品，都来自于那些特别担心他们的名字会从历史上消失的人。纽约公共图书馆拥有亚斯都氏和李诸克斯氏的藏书；大都会博物馆保存了班吉明·亚特曼和JP.摩根的名字；几乎每一座教堂，都装上了彩色玻璃窗，以纪念捐赠者的名字。

绝对不能为记不住别人的名字找借口，比如"记性不好"或是"太忙了"。这些借口不是记不住名字的理由，而是在逃避现实。

02 使用礼貌用语，
赢得人心的必要手段

在人际交往中，使用礼貌用语是最基本的态度，也是最重要的态度。一个人即使具有人类的一切美德，即使他非常优秀，如果他不懂得与人交往时使用礼貌用语，他就不可能获得成功。因为没有任何人愿意与一个不讲礼貌、没有教养的人交往。

有位商店老板，在接待应聘者琼斯时，本来是准备聘请琼斯女士的。在面试临近结束的时候，老板表示对事情的发展感到满意，并将于今后几天内与琼斯女士会面。然而，琼斯女士说："难道现在你不能告诉我，是否能得到这份工作吗？因为过几天我就要外出旅游去了。"老板说："噢，你不是告诉我，一得到通知就马上开始工作吗？"琼斯说："你最好别指望我能坐下来等你几天的电话。"老板说："好吧，那我只能说，如果我们需要你，就会与你联系的。"然而，这位老板始终没有给琼斯女士打电话。这是琼斯女士缺乏礼貌语言的必然结果。

有位名叫亚诺·本奈的小说家曾说："日常生活中大部分的摩擦冲突都起因于恼人的声音、语调以及不良的谈吐习惯。"此话说得颇有道理。其实，只要我们仔细观察身边的人就会发现，谈吐的缺陷可能导致个人事业的不幸或损害所服务机构的荣誉与利益，可能导致父子不和、夫妻离异乃至人际关系的紧张恶化。一个人是否善于使用礼貌用语，决定企业是否愿意聘请他工作、与之交往，或是否愿意投他信任的一票并与之发生商业关系。

平常说话有许多口头"敬语"，我们可以用来表示对人尊重之意。"请问"有如下说法：借问、动问、敢问、请教、借光、指教、见教、讨教、赐教等；"打扰"有如下词汇：劳驾、劳神、费心、烦劳、麻烦、辛苦、难为、费神、偏劳等委婉的用词。如果我们在语言交际中记得使用这些词汇，相互间定可形成亲切友好的气氛，减少许多可以避免的摩擦和口角。

与他人相见时，互道一声"你好"，这再容易不过。可别小瞧这声问候，它传递了丰厚的信息，表示尊重、亲切和友情，显示你懂礼貌，有教养，有风度。

美国人说话爱说"请"，说话、写信、打电报都用，如请坐、请讲、请转告，传闻美国人打电报时，宁可多付电报费，也绝不省掉"请"，因此，美国电话总局每年从"请"字上就可多收入1000万美元。美国人情愿花钱买"请"字，我们与人相处，说个"请"字，既不费力，又不花钱，何乐而不为？

英国人说话少不了"对不起"这句话，凡是请人帮助之事，他们总开口说声对不起：对不起，我要下车了；对不起，请给我一杯水；对不起，占用了您的时间。英国警察对违章司机就地处

理时，先要说声"对不起，先生，您的车速超过规定"。两车相撞，大家先彼此说声对不起。在这样的气氛下，双方的自尊心同时获得满足，争吵自然不会发生。

成功人士说话非常注意用礼貌语言，如：你好、请、谢谢、对不起、打搅了、欢迎光临、请指教、久仰大名、失陪了、请多包涵、望赐教、请发表高见、承蒙关照、谢谢、拜托您了，等等。

礼貌用语，令人心情愉悦，满面春风。"谢谢你，亲爱的，期盼你再次光临。"百货商店的老板布拉·伦迪对眼前这个穿着破烂的小女孩说道，她刚刚在店里买了一根灯芯。小女孩走出店门前转身看了他一眼，露出了惊喜的表情。结果，造成了一段经典的广告，为布拉·伦迪赢得了无数的客户，使他成为一个拥有50家连锁超市、身家上千万的富翁。

礼貌用语不是想说就能说得好的，要注意以下几点：

首先，要说真话，发自内心地说。"言必信，行必果"，这是沟通时收到良好谈话效果的重要前提。只要肯尊重对方，高度地给予信任和肯定，任何人都会乐于将其优点表现得淋漓尽致。如果你希望某人懂得自尊自爱，你就该率先表现出你对他的信任和尊重。

其次，要切合当时的情境。运用语言进行信息传递、情感交流，离不开一定的时间、地点和场合，要使这种传递活动获得好的效果，语言运用不仅要符合特定的时代背景和此时此地的具体情景，还要恰当地利用说话时机，把握时间因素，力求切情切境，入情入理。

再次，明确目的。无论是与他人拉家常、叙友情，或是进行学术报告、演讲、谈判、采访乃至解说、寒暄、拜访、提问等，都是为了实现信息传递，沟通情感，增进了解，阐明观点等特定的交际目的而进行的。当与他人说话时，需要针对交际对象的特点和语言环境做出必要地调整，还要根据语言交流的主题，选择和使用恰当的语言，做到有的放矢，取得缓解气氛、增进友情的作用。

大文豪托尔斯泰说得好："就是在最好的、最友善的、最单纯的人际关系中，称赞和赞许也是必要的，正如润滑油对轮子是必要的，可以使轮子转得快。"利用心理上的相悦性，要想获得良好的人际关系，就要学会不失时机地赞美别人。让我们用理解代替责备，设身处地地为他们想想，为什么他们会这样做，这样做比批评更加有益。而且这样，就会使我们产生同情、容忍、仁慈之心——"理解就是宽容。"

03 赞美他人，
助你赢得好人缘

　　用赞扬来代替批评，是著名的心理学家史京勒心理学的基本内容，史京勒通过动物实验证明：由于表现好而受到奖赏的动物，它们在被训练时进步最快，耐力也更持久；由于表现不好而受到处罚的动物，那么它们的速度或持久力都比较差。研究结果表明：这个原则同样适用于人。我们用批评的方式并不能改变他人，反而经常会适得其反。

　　发现他人出现错误，我们通常会做的一件事就是批评他，以使之改正。而事实上，与批评相比，鼓励和赞扬更容易使人改正错误，又更容易让对方接受。

　　佳妮已经40岁了，但她十分想再学习一下舞蹈，于是，她请来了一位老师。课程一开始她就像20岁的时候一样跳，而老师却告诉她，跳得全都不对，必须将一切忘掉，重新开始。这使佳妮很灰心，便把那位老师辞掉了。

第二位老师就很会讲话，她说佳妮的姿势或许有点旧式，但基本功还是不错的，并且使她相信，不必费时就可以学会几种新舞步。她不断地称赞佳妮做得优秀，以减少她的错误。她赞扬佳妮有天生的韵律感，说她是一位天生的跳舞专家。这给予了佳妮很多希望，并使她不断进步。

其实，佳妮知道自己根本跳得就不好。而老师的赞扬，让她十分开心，也十分愿意继续学下去。

艾琳娜在一个邻近的街区新开了一家名叫"健康"的药店，而帕克·巴洛——一位经验丰富和声望极高的药店主，对此感到非常气愤。他指责艾琳娜卖假药，并且毫无配药方的经验。

艾琳娜受到攻击后，很是气愤，准备为此事向法院起诉。艾琳娜去请教一个律师，这位律师劝告他说："别把这件事闹得满城风雨了，你不妨试试表示善意的办法。"

第二天，当顾客们又向他述说帕克的攻击时，艾琳娜说："我想一定是在什么事上产生了误会。帕克是这个城里最好的药店主之一，他在任何时候都乐意给急诊病人配药。他这种对病人关心的态度给我们大家树立了榜样。我们这个地方正在发展之中，有足够的余地可供我们两家做生意。我是以帕克医生的药店作为自己榜样的。"

当帕克听到这些赞扬的话后，自觉惭愧，便急不可耐地去见艾琳娜，并向她介绍了自己的一些经验，同时提出了一些有益的劝告。

后来，这两家药店的生意都非常好。由此可见，善意的赞美比批评更能征服人心。

大量的事实证明，当批评减少而鼓励和夸奖增加时，人所做的好事会增加，而比较不好的事会因受忽视而萎缩。

赞扬就像浇在玫瑰上的水，最终将会开出让人心动的花朵。赞扬别人其实并不费力，也许只是需要几秒钟，便能满足人们内心的强烈需求。

赞扬在领导与下属的关系中也尤为重要。一句赞扬可以让下属拼命地干，并且十分努力。但一句批评，就有可能使他站到你的对立面。

艾玛是一家印刷厂的主任，有一次，她收到一份印得非常糟的印刷品，这是一名新工人干的活。新工人刚上班没多长时间，因为动作慢，怕完不成任务，所以慌慌张张地，没有注意产品的质量，只注意数量，印出的产品大多都不合格。车间的主管因此总是狠狠地训斥他工作不认真，说如果都像他那样做，工厂的次品就要堆积成山了，大家都只能回家了。

艾玛知道这件事后，找到了那名新工人，告诉他，昨天看到他的工作成果，印得不错。并赞扬他干劲十足，每天都能生产那么多的产品。要是每一名工人都像他这样有激情，工厂就会少很多对手了。最后艾玛希望他好好地干下去。

艾玛没有一句批评他的话，她的表扬激励了这名新工人。果然，后来他干得非常出色。

我们每个人都希望得到别人的赞扬，同时也害怕别人的指责。

所以，我们应将心比心地为他人着想，多些赞扬，少些指责。

04 谈对方感兴趣的事情，
是提高沟通效率的好方法

凡曾拜访过西奥多·罗斯福的人，都为他广博的知识而惊奇不已。无论是牧童，还是猎奇者；是纽约政客，还是外交家，罗斯福都知道该同他谈什么。他是如何做到的呢？答案很简单。无论什么时候，在罗斯福接受访问的前一夜，他都会晚点睡，以便阅读他的客人所感兴趣的东西。

因为罗斯福同所有的领袖一样，知道通到人心的大路就是跟对方谈论他最以为宝贵的事情。

前任耶鲁大学教授，和蔼的安妮早年就得到过这样的教训。

"在我8岁时，有一次周末去拜访在利比·琳萨的姑母，我在她家度过了整个假期。"安妮在她的一篇写人性的文章中说：

"一天晚上，一个女人来姑母家拜访，与姑母寒暄之后，她的目光集中到了我的身上。那个时候，我对时装设计非常感兴趣，而这位客人谈论的这个题目非常吸引我。她走后，我非常兴奋地跟姑母谈论着她，说她如何好如何好，对时装设计是多么的感兴趣！但姑母告诉我，她是一位纽约的律师，她对时装设计丝毫没有兴趣。但为什么她始终谈论时装设计的事呢？"

"因为她是一位道德高尚的人。她见你对时装设计感兴趣，健谈的她知道怎样能引起你的注意，怎样哄你高兴。"安妮接着说："我从来没有忘记姑母的话。"

就在我写本章的时候，在我面前有一封在童子军事业中极为活跃的爱丽丝女士写给我的信。

爱丽丝信中说："有一天，我的欧洲童子军大露营的计划需要有人帮忙，我请美国一家大公司的经理出资帮助我的一个童子军。

"幸而，在我去见这人以前，我听说他有一张被人退回来的100万美元的支票，在支票被退回以后，他把它封在了一个镜框中。

"所以，我走进他办公室所做的第一件事就是请求看那张100万美元的支票！我告诉他，我从未听说有人开过这样的一张支票，我要告诉我的童子军，我的确看见过一张百万美元的支票。在他面前，我刻意表现出了我对他的喜欢，还有我对他的羡慕，并请他告诉我支票支取的经过。"

你注意到没有，爱丽丝女士没有在一开始就谈童子军，或欧洲露营，或她此行的真正目的，她谈论的是对方感兴趣的事情。结果是这样的。

"'等等，'我正在访问的人说道，'我顺便问问你，你来见我有什么事？'我把我来的原因告诉了他。使我非常惊奇的是，他不但立刻答应了我所有的请求，而且还给了我很多额外的东西。我只请他资送一个童子军去欧洲，但他却资助了五个童子军再加上一个我。他还给了我一封1000美元的支款信，并叫我们在欧洲住7个星期。他又给我介绍信，把我介绍给他一家分公司的经理，让我们有困难去找他。他自己还亲自在巴黎接我们，带我们游览全市的风光。

"自此以后，他还给家中贫苦的童子军工作做；他现在仍然活跃在我们的团体中。

"但我知道，如果我没有找到他所感兴趣的事，让他先高兴起来，我接近他的容易程度连现在的十分之一都没有。"

在商业中这是一种非常有价值的方法，是不是？我们拿纽约一家高等面包公司的卡洛琳为例。卡洛琳想把公司的面包卖给纽约的一家旅馆。为了得到这笔生意，4年来，她每星期都去拜访旅馆的经理，她跟着这位经理到他所去的交际场所，她甚至在这家旅馆中开了房间，住在那儿，但不幸的是最终她还是失败了。

"后来，"卡洛琳说，"在研究了人际关系以后，我决定改变我的战略。我决意要找出能使这人感兴趣的东西——是什么引起他的关注。

"我发现他是一个叫做美国旅馆招待员会的会员。他不只是会员，他澎湃的热心，已使他成为该会的会长。不论在什么地方举行大会，即便是翻山越岭，他都会亲自到会。

"所以，第二天我去见他的时候，我开始谈论关于招待员会的事。我得到非常好的回应！他跟我讲了半个多小时招待员会的事，他的声调热情有力地震动着。我看得出，这会社是他的业余爱好，是他生活的热情。在我离开以前，他还劝我加入成为他的会员。

"这次，我没提到任何关于面包的事。但几天以后，他旅馆中的一位负责人打电话给我让我带着货样及价目单去。"

"他说：'我不知道你对那位老先生做了些什么事，但他是真的被你搔到痒处了！'

"试想一下！我在这人后面紧追了四年——极力要得到这桩生意——要不是我最后尽心地去找出他感兴趣的东西，他喜欢谈论的话题，我想我还得死追下去。"

　　所以，如果要使人喜欢你，如果你想让他人对你产生兴趣，那就记住：多讨论别人感兴趣的话题。

　　无论面对什么样的人物，一定要找到他所感兴趣的事，让他先高兴起来，这样你就比较容易接近他了。

05 设身处地，
让人与人之间如鱼得水

在我年轻的时候，很期待别人对我印象深刻，我给一位曾在美国文坛上非常有影响力的作家戴维斯写过一封很可笑的信。那时，我正预备给一家杂志写一篇关于作家的文章，我就写信请戴维斯告诉我他的写作方法。几个星期前，我收到一封信，末后附注的"信系口述，由他人笔录，本人未及重读"。这句话引起我的注意。我觉得写这信的人一定是一位公事繁忙的大人物。我呢，其实一点也不忙，但我为了能很快引起戴维斯的注意，我在信的后面也写了"信系口述，由他人笔录，本人未及重读"的字样。

他再也没有给我回过信。只是把原信退给了我，在信的最后潦草地写到："你的不恭态度无以复加。"真的，我做错了，或许我应该被他更严厉地责备。但是，站在人性的角度，我对他怀恨在心。甚至在十几年以后，当我听到戴维斯去世的噩耗时，在我心里还依然有对他的怨恨——我羞于承认——就是他当时带给我的伤害。

如果你和我想激起别人对你的反抗，让人对你痛恨数十年，一直到死，你可以放任地去批评别人——不论我们的批评是如何的正确。

当我们与人相处时，要记住，跟我们相处的不是没有理性的动物，跟我们相处的是有情感的动物，充满着偏见而且受傲慢虚荣所促动的动物。

严苛的批评曾使敏感的哈代——英国文学史上最好的小说家，永远地放弃了小说写作；批评也曾使英国诗人托马斯·查特顿自杀。

本杰明·富兰克林在年轻的时候，并不聪明，后来变得极有外交手腕，与人相处也极有技巧，还升为美国驻法大使。他自己说，他的成功秘诀是——"所有我认识的人，我只说他们的好，避免说他们的不好。"

只有那些愚蠢的人才会去批评、惩罚、报怨——而且大多数的愚人都这样做。但宽容和善解人意就需要修养和自控了。

加莱尔说过："一个伟人是在对待卑劣小人的行为中彰显其伟大的。"

珍妮·艾略特是一位杰出的女试飞驾驶员，她时常表演空中特技。一次，她从外国表演完后，准备飞回机场。一家杂志曾对此次飞行作过如下描述，当珍妮小姐驾机在300英尺高的地方时，两个引擎同时出现故障。幸好她反应灵敏，控制得当，飞机才得以降落。虽然无人伤亡，但飞机却已面目全非。

在迫降之后，珍妮小姐的第一个反应是检查飞机的燃料。如她所料，她驾驶的这架第二次世界大战时期的螺旋桨飞机，装的不是汽油，居然是喷气机燃油。

回到机场，珍妮小姐要求见见为她保养飞机的机械师。那位年轻的机械师早已为所犯的错误痛苦不已。一见到珍妮小姐，他的眼泪便沿着面颊流下，他不但毁了一架造价昂贵的飞机，甚至差点使3人丧命。

你可以想象珍妮小姐当时的愤怒，并猜想这位荣誉心极强、凡事都要求精细的女飞行员一定会痛斥这位粗心大意的机械师。但是，珍妮小姐并没有责骂和批评他，相反，她对他说："为了表明我相信你不会再犯同样的错误，我要你明天为我保养另外一架飞机。"

某大型公司决定聘请一位公关主任，许多人前去应征，到最后只剩下两个青年女士，接受的董事长面试。

第一个女士依约前往面试地点，就在公司走廊，他看到一个公司职员，手捧一叠文件，正急匆匆地往前走。突然，这个人一个趔趄，栽倒了！女士连忙上前，扶起了他。

第二个女士面试时，遇到了同样的情景！不料，她没有提供任何帮助，反而假装没看到，悄悄地离开了！

最终那个乐于助人的女士并没有得到职位，反而是视而不见的女士得到了公关主任的职位！

董事长询问第二个女士："你为什么不愿意帮助那个跌倒的人呢？"

她回答："当时我是这么想的：如果我在众人面前跌倒，一定会觉得很没面子，如果还有人来帮我，我更会觉得没有面子。所以我就假装没有看到。"

所以，设身处地地替人着想的人，才能获得事业和人生的真正丰收。

06 真诚地关心他人，
人生路上不孤单

为什么要读这本书去学习如何获得朋友呢？为什么不向世界上最善于交友的人学习交友的技巧呢？他是谁？也许明天你走到街上就会遇到它。当你走近距它3米远的地方，它便开始摇晃它的尾巴。如果你停下来轻轻地拍拍它，它会高兴得跟什么似的跳起来对你表示它是何等的喜欢你。你也知道它的这种亲热的表示后面并无其他的动机，它不是要卖给你一块地，它也不是要同你结婚。

你曾想过狗是唯一不需要为生活而工作的动物吗？母鸡需要生蛋；母牛需要给奶；金丝雀需要唱歌。但狗借以维持生活的只是给它主人无私的爱。

在我5岁的时候，我的父亲曾送给我一只黄毛小狗。它给我的童年时光带来很多光明和乐趣。每天下午4点半左右，它都会坐在我家前庭，用它美丽的眼睛望着门前的小道，一听得我的声音，或望见我吊荡着饭盒穿过矮林时，它便会箭一般的气喘喘地跑上小山，高兴地跳着，叫着，迎接我。

泰比从未读过任何心理学的书籍，它也不必读。凭着自己的天赋和本能，在两个月内，借着对人表示的亲热就交到了好朋友，可是我们许多人却很难在两年之内，靠着吸引别人的注意交到朋友。我们都知道，有的人，这一生都在错误地让别人对他们自己感兴趣。

当然，那是不行的。他们对你不感兴趣，他们对我也不感兴趣。他们只对他们自己感兴趣，不论早晨、中午，还是晚饭后。

纽约电话公司曾以电话采访的形式做过一个详细的调查，以求得人们生活中最常用到的字是什么。你应该已经猜到了，那就是人称代名词"我"。500次的电话谈话中，曾用过3990次"我"。当你看一张有你在内的团体相片的时候，你最先看的是谁的像？

假如我们只是想引起别人的注意，让别人对我们感兴趣，我们永远也不会获得真诚的朋友。朋友，真诚的朋友，不是那样来结交的。

拿破仑曾试过这个方法，在他最后一次与约瑟芬见面时，他说："约瑟芬，我比其他人更幸运，然而，在现在这个时候，值得我信任的人就只有你。"而历史学家们也认为他的这句话是不是可信还是个疑问呢！

阿尔弗雷德·阿德勒，维也纳著名心理学家，他写过一本书，叫《生活对你的意义》。在书中，他说道："对别人不感觉兴趣的人，生活中遭遇的困难最大，对别人造成的损害也最大。所有人类的失败，都在这些人身上发生。"

你可能读过数十卷深奥的心理学著作，却没遇到一句对你来说最重要的话，我不喜欢重复，但阿德勒的这句话太有意义了，所以我要在下面重复一遍：

对别人不感兴趣的人，生活中遭遇的困难最大，对别人造成的损害也最大。所有人类的失败，都在这些人身上发生。

我曾经在纽约大学选修短篇小说写作课程，一位杂志社编辑给我们上过一课。他说，他只要随便拿起每天在他书桌上的数十篇小说中的任何一篇，读过数段之后，他就能感觉得到小说的作者是否喜欢别人，"如果作者不喜欢别人，"他说，"别人也不会喜欢他的小说"。如果写小说是那样，那么，你可以确信，面对面地跟人相处就更应该是这样。

夏洛特上次在百老汇表演时，我在她的化妆间待了一个晚上，夏洛特是公认的魔术大师，是魔术之王。40年来，在全世界各地都曾演出过，她的幻术迷惑观众，叫人目瞪口呆。有6000万以上的人都曾亲临现场观看她的表演。她的财产大约有200万美元左右。

我请夏洛特女士告诉我她成功的秘诀。她的成功与学校教育完全没有关系。因为她在幼年时就已经离家出走，成为一个流浪的孤儿。她坐过货车，睡过草堆，还曾挨家挨户讨饭。她是在车上观看沿途的广告牌才认识了几个字。

她有高人一等的魔术知识吗？不，她告诉我，被人写过有关幻术的书已有数百册之多，关于幻术，很多人知道的跟她一样多。但她有两件东西是别人所不具有的，第一件，她有感染台下观众的能力。她是个魔术表演巨匠，她深谙人情。她的每一个动作，每一种手势，每一种声调，就算是提眉微笑这样的小事，她都要预先练习。她的每一个动作都是不差分毫的完成。除此之外，夏洛特对她的观众真诚地感兴趣。她告诉我，许多魔术师看着观众却对他们自己说，"看，那里是一群蠢猪，一群土包子，我要让他们目瞪口呆。"但夏洛特的做法却与他们完全不同。她说，每次她上台时，她都会对自己说："这么多人来捧我的场，愿意看我表演，我从内心真诚的感谢他们，是他们让我有舒适的生活，我要尽我所能，把我最好的表演展示给他们看。"

她说，在她没上台之前，她都会提醒自己不要忘记对她自己说："我爱我的观众，我爱我的观众。"可笑吗？荒唐吗？你怎么想都可以，我只不过是把自古以来最著名的魔术师所信奉的为人处世的方法未加任何评论的告诉给你。

这也是西奥多·罗斯福非常受人欢迎的一个秘诀。他的仆人非常尊敬他，他的一个侍从爱默士曾写过一本关于他的书，名为《罗斯福——侍从眼里的英雄》。在这本书里，爱默士举了这样一个例子：

"有一次，我的妻子问总统关于鹑鸟的事。她从来没有见过鹑鸟，总统就对她详细地讲述。一段时间以后，有一天，我房间里的电话突然响了。（爱默士和他的妻子住在牡蛎湾罗斯福住宅里的一间小屋里）我妻子接的电话，打电话的就是罗斯福先生。他说，他打电话是想告诉她，她的窗外正好有一只鹑鸟，如果她向窗外看，她可以亲眼看见鹑鸟的样子。像这样的小事正是显示了罗斯福总统的优秀品质。无论什么时候，他经过我们的屋子，即使是看不见我们，他也会'嗳……安尼！'或'嗳……爱默士！'的向我们打招呼。那是他经过时的一种友善的问候。"

雇员们怎么会不喜欢那样的老板？又有谁会不喜欢这样的人呢？

罗斯福有一天来白宫拜访，正值塔夫脱总统及夫人外出。他亲切和蔼地对待下人的美德正好在这种场合中体现出来。他叫着每一个老仆人的名字，和他们打招呼，连在厨房里洗碗的女仆也不例外。

"当他看见厨房的女仆爱莉丝的时候，"阿奇·巴特曾记载说，"他问她是否还做米烤面包。爱莉丝告诉他说，她有时候会做给仆役们吃，但楼上没有人吃。

"'他们不懂品尝，'罗斯福大声说，'我见到总统时，一定要这样告诉他。'

"爱莉丝取了一块烤面包，放在盘子上递给他。他一边吃一边向办公室走去。一路上，他向所有他见到的人问好……

"他对每个人的称呼还像他以前一样。仆役们都低声谈论着他们平易近人的总统。曾在白宫当过40年仆役的艾克·胡佛含着泪说：'这是我们在差不多2年的时间里唯一快乐的一天，我们谁也不会拿这一天跟一张100美元的钞票交换。'"

几年前，我在布鲁克林艺术科学研究院举行一次小说写作课程的演讲，我们非常希望能请到诺吕士、赫斯德、泰勃尔、德恩、许士以及其他一些著名的作家到布鲁克林来给我们做演讲。所以我们写信给他们说，因为我们很羡慕他们的作品，并深切希望他们能来现场给我们以指教。借此能学习他们成功的秘诀。

每封信都有大约150个学生的签名，我们知道那些作家都很忙，没有预备演讲的时间，所以，我们在每封信中都附上一张写有问题的单子，他们很喜欢这种方式，谁会不喜欢呢？所以他们都答应了我们的要求亲临布鲁克林为我们提供帮助。

用同样的方法，我们还请到了西奥多·罗斯福内阁的财政总长莱斯利·肖，塔夫脱内阁的司法总长乔治·维克沙姆、威廉·詹姆斯·布莱恩、富兰克林·罗斯福，以及许多别的杰出的人物来给我们的同学做演讲。

假如我们要交朋友，我们要多为别人做事——做那些需要时间、精力、公益、奉献的事。

在爱德华公爵还是英国皇储的时候，有一次，他计划周游南美。在他出发以前，他花了好几个月的时间，学习西班牙语言，以便能用当地语言交流演讲，因此，南美洲的人很喜欢他。

多年以来，我都在认真的打听我朋友们的生日。我是怎样做的呢？我虽然根本不相信星象学，但我问对方，问他是否相信生辰与性格有关系，然后我请他告诉我他生辰的年月日。待他不注意时，我就将他的姓名生日记下，以后再转抄到生辰簿上。每年年初，我就将这些生日记在我案头的日历上，每当有朋友过生日的时候，我总会写信或发电报祝他们生日快乐。他们是那么的高兴！我大概是世上他们记忆最深的那个人。

如果我们要交朋友，我们要真诚、热情地向人致意，有人打电话给你的时候，你也要用同样的声音对他说"喂"，你要让他觉得你是多么喜欢他打电话给你。

费城有一个人叫丹尼丝，多年来，她一直努力想把她的服装卖给一家大型的连锁商店。但这家连锁商店仍旧从市外的一个时装商那里买时装，并且运输的汽车就经过丹妮丝的办公处门口。丹妮丝有一晚在我班中作演讲，发泄她的气愤，大骂这家连锁商店对国家来说是一种罪恶。

但她依然不知道自己为什么不能把服装卖给他们。

我建议她采用不同的方法试试，事情的经过是这样的，我在班中组织了一场辩论赛，辩题是"论连锁商店的广布，对国家的利与弊"。

按照我的建议，丹妮丝加入反面，她同意为连锁商店辩护，然后她跑去对她一直轻视的连锁商店的经理说："我来不是来卖服装给你的，我来是想请你帮我一个忙。"然后她向他说了辩论的事情。"我来请你帮忙，因为我想不起还有什么人能提供给我我所需要的资料。我想赢得这场辩论的胜利，无论你能给我什么样的帮助，我都会特别地感谢你。"

下面是丹妮丝关于后来情形的叙述：

我请求那位经理只给我一分钟的工夫。因为这样他才肯见我。待我说明我的来意以后，他请我坐下，跟我谈了1小时47分钟。他还叫来另一位主管，这位主管曾写过一本关于连锁商店的书。他写信给全国连锁商店联合会，还为我拿来了一份关于这题目的资料。他觉得连锁商店真正做到了为人群服务。为此，他很自豪。他说话的时候，眼中都绽放着光彩。而我也必须承认，他让我开阔了眼界，让我看见了做梦都没有看见过的东西。是他改变了我的心态。

我要离开的时候，他陪我走到门口，把手放在我的肩上，祝我辩论胜利，并邀请我再去看他，告诉他辩论的结果。最后，他对我说的是："到春末的时候，你再来找我。我想跟你合作。"

对我来说，这真是一件奇事。我没跟他提过要他买我服装的事情，他竟然主动说要买我的服装。我因为从内心深处真实地对他及他们的事情感兴趣，所以在两个小时内我完成了我十年都没有完成的事情。

丹妮丝女士，你发现的并不是一种新的真理，因为很久以前，在基督降生的百年以前，古罗马著名的诗人帕里亚斯·西罗士就曾说过："我们对别人的事情感兴趣，别人才会对我们的事情感兴趣。"

在纽约长岛选修我们课程的多琳说，一位对她特别关怀的护士，深深影响了她的一生。

在我10岁那年的感恩节当天，我住在城里一家医院的免费病房里，准备接受第二天的整形手术。我知道在以后的几个月里我都不能外出，还要忍受疼痛，等待伤口复原。我的父亲已经过世，母亲和我住在一间小公寓里，接受社会福利救济。那一天，母亲不能来看我。那一天到来了，我感到十分孤单、绝望和恐惧。我知道母亲一人在家为我担心，而且没有人陪她，没有人同她一起吃饭，甚至没有钱吃一顿感恩节晚餐。

泪水涌在我的眼里，我把头埋在枕头和棉被下面，尽量不使自己哭出声来。但我实在太伤心了，因此哭得整个身体都颤动不已。

有位年轻的实习护士听到我啜泣的声音，急忙跑过来。她掀掉棉被，拭去我脸上的泪水，然后告诉我，她今天得留在医院工作，不能和家人在一起，所以也感到很孤单。她问我愿不愿意跟她一道用餐，然后，她便拿了两份食物过来：有火鸡片、马铃薯泥、橘子酱和冰淇淋等。她跟我聊天，让我不至于感到害怕，一直到下午4点当班的时候，她才离开。她在晚上11点钟回来，陪我玩儿，同我聊天，直到我睡下了才离开。

从我10岁以后，一年一年的感恩节来了又去，却只有一个感恩节永远长留在我心头。在那个特别的日子里，有我的挫折、恐惧、孤单，还有来自一位陌生人的温情和关怀。

所以，如果你想让别人喜欢你，或者培养真正的友谊，或是帮助别人又帮助自己，那么就要牢记，对别人表现出诚挚的关切。

第六章
做世界上家庭生活最幸福的女人

01 流露真情实感的女人，
   是最幸福的女人

名作家哲斯特顿说过：最无聊的畏惧是怕伤感多情。人们因为怕人看见自己脆弱的一面，就装作无动于衷的样子来掩饰内心情感。心里想说的是"万分感激"，口头上却只是轻轻道一声"谢谢你"；心中的感想是"此时一别，不知何时再相逢"，但是表现出来的只是无足轻重的挥手"再见"。

许多人以为冷漠和不显露感情是成熟的标志。实际上，压抑着情怀，就像是生活在一个没有酒、没有音乐，或是没有炉火温暖的世界中。因为人有感情，让萍水相逢的两个人成为挚友，让人在无意中收获了很多受益终生的东西；因为有感情，才能成功地建立婚姻和家庭。婚姻必须有感情，就像是做生意必须有信誉。那是一种不可捉摸的因素，却比任何实际条件更有价值。温情从不会破坏婚姻；与之相反，平淡冷漠很容易使婚姻瓦解。

几乎每个有益于人类的进步，都有某一方面的感情力量为推动力。发现胰岛素的班亭医生，出身加拿大农家，小时候有个亲密伙伴——唐娜和他一起踢球、爬树、溜冰、赛跑。有年夏天，唐娜忽然不能和他玩了，她的"血中有糖"，以致卧床不起。班亭始终耿耿于怀。后来他学成行医，立志救人。因为他对她有那一份情感，今日千百万糖尿病患者才得以生存。

只有小人才怕暴露真实的感情，而有所作为的人对内心的情感毫不掩饰，恰似对美好的事物或美好的生活一样。诗人爱默生的娇妻去世，他每天到她坟上去凭吊，两年如一日。作为一位文坛伟人，似乎很难被普通人亲近，可是听他讲演的人都觉得他十分亲切。一个村妇在听他讲演之后说："我们都是思想简单的人，可是我们听得懂爱默生先生的话，因为他直接对我们的心说话。"

罗斯福夫人艾莲娜有一次心有所感，向经济学家巴鲁克请教，她说："我的头脑叫我做，可是我的内心叫我不要做，我该怎么做？"

巴鲁克的劝告是："有疑问时，遵从你的心。如果因为遵从你的心而做错事，不会觉得太难过。"

大人物都不怕真情流露，我们为什么要怕？之所以怕，是因为我们从小就局限在生活的框框里成长。有人说：在事业上不宜动感情，科学没有感情，对自己也不可温柔多情。一定要把自身中最温暖、最好的一部分压住藏起，这种想法实在是太没有价值了。

人怎样才能使感情蓬勃？怎样才能恢复似已消失的深情？

首先要问问自己，下次你再要抑制温暖和蔼的情绪时，应该反省自问：我为什么不流露我的真情？我怕的是什么？这样做，是出于真诚，是故作老成世故，还是怕人说长道短？当然，不适当地过分流露感情并不可取，但更重要的是排除猜忌怀疑，不装模作样，应对生活中亲切感人之事有所反应。

也许给自己找的最多的借口是没有空闲，分秒必争的急促气氛与温柔的情怀格格不入。实际上，抽出一些时间来做那些"看来没有实际价值"的小事，却往往能够美化自己的生活及心灵。例如给远方很久不见的朋友写一封问候怀念的信，或是送人一点小礼物表示感谢等。

时间是一定有的，问题只在如何利用。

从前在某个乡村教区内，一个农民的丈夫死了。他是个能干的人，儿女长大成人后各自离家独立，他伴着生性乖僻而沉默寡言的妻子生活了几十年，有一天在地里劳动时突然死去。

在葬礼上，他的妻子没有流眼泪，在走向坟场时，她也没有伤痛的表情。

但是葬礼完毕之后，她迟迟不走，等着和牧师说话。她把手中拿着的一本破旧的小书递给牧师，伤心地说道："这是一本诗。他喜欢诗，你能替他念一首吗？他总是要我和他一起念，我总说没有空，家里每天都有事要做。不过现在我明白了，一天不劳动，并没有什么了不得。"大概非到太迟的时候，我们不会知道应该如何利用时间。多和家人交流，经常肯定和感谢对方为家庭所做的一切，一定更有利于和谐相处。如果这个农民早一点改变心态，早一点懂得流露自己内心的感情，早一点说出自己的感激之情，她就不会留下如此深的遗憾。爱人为你沏一杯热茶，邻居雨天帮你收起衣服，同事帮你将工作做得很好……面对这一切，你想过惜福与感恩吗？你吝啬过你的赞美之词吗？

有一个农妇在劳累了一天之后，为家里干活的几个男人准备了一大堆干草当晚餐。恼怒的男人们问她是不是疯了，农妇答道："嘿，我怎么知道你们会在意呢？20多年来，我一直做饭给你们吃，你们从没说过什么，也从来没有告诉过我，你们并不吃干草啊！"

在美国曾有人做过一项对离婚妇女的调查，在对家庭生活不满意的众多原因中，比例最高的一项就是"没有人领情"。你相信吗？许多对家庭不满的男人也许会有同样的理由。虽然我们也常常在心里感谢他（她）为我们所做的一切，却从来没有说出或者不懂得如何说出自己的感激之情。不知道适时表达出自己的赞美之情是我们经常忽略的一个毛病。

在简单而丰富的日常生活中，其实只要我们稍微在意的话，很多东西都是值得赞赏的。女儿从学校里带回一份考得不错的成绩单，我们应该赞赏她，这样她会继续努力并对自己充满信心；丈夫为我们买了一件新衣服，我们应该赞赏他的眼光，这样的话，他会为妻子的满意与自己选择的成功感到欣慰与自豪；当疲惫的店员耐心地拿出货物让我们一一挑选的时候，我们也应该称赞他们优秀的服务态度，她工作起来就会更有劲……但遗憾的

是，人们常常在这个时候，认为所有的一切都是理所当然，说不出一句赞赏的话来。对这个美德的忽略，会让我们的生活不完美，因为你失去了很多别人感激你的机会，你也就失去了很多心理满足的那种快乐。

人们之间的真情实感需要表露，夫妻间的爱更是需要表白的，不要等到自己的另一半不在了才说出来。真情实感也是需要抒发的，不要等到天地两分才觉得有好多话没有说。爱他，就说出来，这样才能让婚姻关系和谐。

渴望得到关爱，是每个家庭成员的必然需求。据权威机构调查，青少年走上犯罪的道路，在家庭中缺少关爱是很大一部分原因。同样，家庭关系不和谐，夫妻间缺少关爱也是很大的原因。也许有人说：我爱他，只是我不善于表达。爱他，就要真诚地说出来，就要用自己的行动表现出来，就要心甘情愿地尽你的所能去做好每一件事，以使他快乐和成功。

那么，怎样才能表现你的爱心呢？

首先，要注意，不是只有女人才需要爱心。有些女人认为，女人就应该是被爱护的，就应该是被照顾的。因此，这些女人经常抱怨丈夫不会照顾自己，经常批评丈夫的错误。而且，也不会对丈夫进行关爱。其实，丈夫也是需要关爱的。人人都不能只要求得到而不付出。爱也是这样。对爱的渴求不是妻子的专利，也是丈夫的专利。其次，每天都要表达你的爱心。早上的一个吻，一顿准备好的午餐，一句温柔的问候，都是爱的表现形式。第三，每天都要有一种好心情。妻子一般都是完美主义者，会为了一些小事烦躁不已。这时候，就需要妻子在出现问题的时候，以淡然的的心情去对待。

把爱说出来，夫妻间的生活会更幸福。

02 体谅丈夫的女人，
是最幸福的女人

　　正如唠叨是影响婚姻和家庭幸福的礁石一样，批评也是婚姻幸福的敌人，是造成大多数婚姻不幸的罪魁祸首之一。

　　迪斯累利在公职生活中最难缠的对手，就是那伟大的格莱斯顿。他也是一位伟大的政治家，1868年到1894年间，他曾四度担任英国首相。他们真是奇怪，他们对于在帝国之下每一件可以争辩的事物都相互冲突，但他们却有一个相同的地方：他们的生活都充满幸福和快乐。格莱斯顿夫妇在一起生活了59年，他们一直彼此相爱。这位英国最威严的首相格莱斯顿时常轻握着他夫人的玉手和她在火炉边的地毯上跳着舞，唱着这首歌：

　　夫衣褴褛，妻衣亦俗，

人生浮沉，甘苦与共。

在公众面前，格莱斯顿是可畏的，他锋芒毕露。一回到家里，他从不批评指责任何人。当他早晨来到楼下客厅里用早餐时，发现家人还未起床，他就大声地唱歌，家人听到这嘹亮的歌声，就知道这个大忙人要吃早饭了。他保持着外交家的风度，体谅人的心意，并强烈地控制自己，不对家事有所批评。

俄罗斯也有一位在处理家务问题上与格莱斯顿相类似的人，她就是女皇叶卡捷琳娜二世。她当时统治着一个世界上最大的帝国，有着至高无上的权力。在政治上而言，她是一个残酷的暴君，发动一场又一场的战争，判许多的敌人死刑。但是如果她的厨子把肉烧焦了，她却什么话也不说，反而笑着吃掉。这种容忍的工夫，一般做丈夫的，都应该好好学习。

关于婚姻不幸福的原因，权威人士桃乐丝·狄克斯宣称说，50%以上的婚姻是不幸福的，许多罗曼蒂克梦想之所以破灭在雷诺（美国离婚城）的岩石上，原因之一是毫无用处却令人心碎的批评。

因此，如果你要维持家庭生活的幸福快乐，一定要记住："不要批评。"

夫妻之间不要随意地批评，如果出现了冲突，夫妻之间要尽可能的化解。如果丈夫犯了错误，是否也不要批评呢？可以批评。但是最好是委婉地批评，而不是歇斯底里地大吵大闹，因为男人也有自尊心。所以要体谅丈夫。妻子可以采用写信的方式对丈夫的行为表示不满，也可以用写信的方式表示自己的悔悟。如下文的信：

我忘记了

W·利文斯顿·拉米德

亲爱的拉米德，我有一些话想要对你说。此时你正熟睡，金色的头发卷曲地贴在你潮湿的额头上。

我悄悄走进你的房间。几分钟前我还坐在房间里洗衣服，突然，一阵悔恨汹涌而来，终于，带着满腔内疚，我来到你的身边。

亲爱的拉米德，我想起了一些事情，我常对你发脾气：当你

穿戴好衣帽准备上班的时候，我责怪你只用毛巾胡乱擦了把脸；然后我责骂你不擦鞋；看到你乱扔东西，我大发脾气。

吃早餐的时候也一样，我经常责骂你吃饭不细嚼慢咽、把胳膊放在桌上、面包上奶油涂得太厚，等等。等到你离开餐桌去上班的时候，我也准备出门，你转过身，挥着手喊："再见！"我却皱着眉头回答："肩膀挺正！"

到了傍晚，情况还是相同。我看到疲惫的你走回家，倒在沙发上，却责怪你坐没坐相，也不帮我收拾家务！

想象一下，亲爱的拉米德，这话居然出自一位妻子之口！

你还记得吗？就在刚才，我在洗衣间洗衣服，你慢吞吞地走过来，眼里带着胆怯的神色，站在门口犹豫不前。我不耐烦地叫道："你想做什么？"

你什么也不说，只是迅速跑过来，双手拿出一个礼盒递给我。然后你转身就走了，"吧嗒""吧嗒"地跑上楼。

是的，亲爱的拉米德，就在那时候，衣服从我手中滑落，令人可怕的悲伤袭击了我。坏习惯让我做了些什么？习惯性地挑剔错误和责备，这就是我对你——我亲爱的丈夫的奖赏。

亲爱的拉米德，我并不是不爱你，只是我对你抱有太多的期望，一直以来我都在用完美的标准来衡量你。

今晚的一切都不再重要，亲爱的拉米德，我来到你身边，我在黑暗中跪在你床边，深感惭愧！

这是一种薄弱的赎罪。我知道你未必会理解我所说的这一切。

但是，从明天起，我会认真地做一个真正的妻子！我要和你成为好朋友，你痛苦的时候同你一起痛苦，欢乐的时候同你一起欢乐。

我要求的实在太多，太多了。

夫妻相处之道在于坦诚与体谅，世界上没有完美的配偶，但你一定要懂得经营，聪明的人懂得怎样使不可能完美的婚姻变得尽可能的完美。怎样才能做到这一点呢？请牢记以下名言：多些信任和接纳，给予空间，并以行动表示谅解；多包容，多忍耐，多欣赏，少批评，少抱怨。

互相信任和包容，才是幸福婚姻的良方。

许多罗曼蒂克的梦想破灭了！50%以上的婚姻不幸福。原因之一是：毫无用处、却令人心碎的批评。

所以，要包容体谅丈夫，让幸福永存于家庭之中。

03 关注生活小事，
家庭永远充满快乐

自古以来，花就被认为是爱的语言。它们不必花费你多少钱，在花季的时候尤其便宜，而且常常街角上就有人在贩卖。但是从一般丈夫买一束水仙花回家的情形之少来看，你或许会认为它们像兰花那样贵，像长在阿尔卑斯山高入云霄的峭壁上的薄云草那样难以买得到。可是，有没有一个做丈夫的，经常不忘带一束鲜花回家给太太？你或许以为它们都是贵如兰花，再不就是你把它们看做了瑶池中的仙草，才不想付出那般的代价，带回去给太太？

不要等到太太生病住院时才给她买花。你可以经常买束花送给她，在她生日的时候，在情人节，或者仅仅是因为在周末，看看会有什么效果。

乔治·柯汉是百老汇的大忙人，他每天都会给他的母亲打两次电话，直到她老人家去世，这已经成为他的习惯。你以为每次柯汉打电话给母亲，是有什么重要新闻要告诉这位老人家？不是的。他只是在表达自己对母亲的关心，自然母亲也感到很幸福。女人对生日，或是什么纪念日，会很重视！那是什么原因？那该是女人心理上一个神秘的谜！

很多女士都把应该记住的日子忘得干干净净。可是有几个"日子"是千万不能忘记的，像丈夫的生日、跟丈夫结婚的日子。如果不能完全记起来，最重要的，别把丈夫的生日忘记。

有若干的女士们，对夫妻间每天发生的琐碎事，都太低估了。这样长久下去，会忽略了这些事实的存在，就会有不幸的后果发生。

妻子要学会感谢丈夫做的小事

丈夫带妻子到电影院过了一个愉快的晚上；送给了妻子一朵美丽的花；早晨把饭端到桌前……妻子都应该及时表示感谢。如果妻子一直觉得这些事情是理所当然的，那这个丈夫很快就不会这样做了。当丈夫不这样做的时候，妻子才会发现不方便。

美国前总统艾森豪威尔的夫人曾说过："记住用生活中那些时常发生的小事来给别人制造幸福，是一个女人应该重视的事情。"

奥嘉·卡巴布兰加夫人就是这样做的。她的丈夫劳尔·卡巴布兰加是一位外交官，是一个非常顽固的人。但是，他们之间的婚姻却非常幸福。这是因为奥嘉·卡巴布兰加夫经常做些"小牺牲"。每当卡巴布兰加先生心情不好的时候，她就会让他独处，绝对不会打扰他；丈夫喜爱待在家里，即使自己再喜欢舞会，她也不会出门参加聚会；如果丈夫表示不喜欢她现在穿的衣服，她立刻换一件……她做出了这么多的牺牲，她的丈夫是怎么做的呢？卡巴布兰加先生原来认为送妻子礼物是一件矫揉造作的事情。可是，在情人节那天，他送给夫人一盒漂亮的巧克力，来表达对妻子的爱。结果他夫人欣喜若狂！而看到妻子高兴的样子，丈夫十分得意。从那以后，送礼物给夫人，就是卡巴布兰加先生的乐趣之一了。

雷诺的几家法庭，每周六开庭办理结婚和离婚手续。来办理离婚的竟然占到来办理结婚的十分之一。这些夫妻离婚的原因，很少是因为什么不可调和的大矛盾，他们之所以过不下去了，大多是因为一些鸡毛蒜皮的小事。

如果你有这分兴致，可以天天坐在雷诺法院里，听那些怨偶们所提出的他们离婚的理由，你就会知道爱情是"毁于细微的小事"。

现在你把这几句话写下，贴在你帽子里或是镜子上，使你每天可以看到，这几句话是：

很多东西一疏忽就溜掉了，所以，要及时地做那些对人有帮助的事情，要及时地对人表达你的关心。及时地去做，不要等待，因为很多东西一疏忽就会溜掉。

如果你要担心的事总是未被注意的小事，如"不盖牙膏盖"等，经过一段时间，它们可能破坏你们两人的关系。因此，应该特别留神日常生活小节。当然，你需要留意有积极作用的小事，例如：你出其不意地吻他一下，或者说几句赞扬他的话。因为，成功的关系是建立于日常的关心和爱护的基础上。所以，要想保持家庭生活快乐，一定要记住注重那些看似很小的事情。

有千万个家庭，就有千万种生活方式。虽然生活方式各不相同，但有一个准则在生活中要注意，这是生活安定平和的保证：不要忽视生活小节。

04 殷勤有礼，
让婚姻永远和谐

瓦特·邓路之，是美国最伟大的演说家之一，并且和曾经做过一次总统候选人的詹姆斯·布雷恩的女儿结婚。自从多年以前他们在苏格兰的安祖·卡耐基家里相遇之后，邓路之夫妇就过着令人羡慕的快乐生活。

秘诀在哪里？

"选择伴侣要注意的第二点是，"邓路之夫人说，"我把殷勤有礼列在婚姻之后。但愿年轻的太太们，对于她们的丈夫就像对待陌生人一样有礼！如果泼辣，任何男人都会跑掉。"

对于陌生人，我们不会想到去打断他的话说："老天，你又把你老太婆的裹脚布搬出来了！"没有得到允许，我们不会想去拆开朋友的信件，或者偷窥他们私人的秘密。只有对我们自己家里的人，也就是我们最亲密的人，我们才敢在他们有错误时污辱他们。

我们再引用桃乐丝·狄克斯的话："非常令人惊奇地，但确实千真万确地，唯一对我们口吐难听的、污辱的、伤害感情话语的人，就是我们自己家里的人。"

"礼貌，"亨利·克雷·瑞生纳说，"是内在的品质，它看守破门，并招引门里院中花儿的注意。"

礼貌对于婚姻，就像机油对于马达一样的重要。

奥利佛·文德尔·荷姆斯写的，并受读者喜爱的《早餐的独裁者》这本书，可能任何家庭都有，但是在他自己的家里却没有。事实上他太顾虑别人了，即使心情不好，也尽量想办法不让他的家人知道。自己要承受这些不快，还要避免不快影响到其他人，真是够受的。这是荷姆斯的做法。但是一般人怎样呢？办公室里出了差错，他失去了一笔买卖，或挨了老板一顿官腔，他累得头痛，或没有赶上交通车——他几乎还没有回到家，就想把气出在家人的头上。

一般人如果有快乐的婚姻，就远比独身的天才生活得更快乐。俄国伟大的小说家屠格涅夫受到整个文明世界的赞誉，但是他说："如果在某个地方有某个女人对我过了吃晚饭的时间还没有回家，表达十分关心，我宁愿放弃我所有的天才和所有的著作。"

幸福快乐婚姻的机会，究竟有多少呢？如我们已经提到过的桃乐丝·狄克斯认为，半数以上的婚姻都是失败的，但保罗·波皮诺博士的看法却相反。他说："男人在婚姻上获得成功的机会，比他在任何行业上获得成功的机会都大。所有进入买卖食品杂货行业的男人，70%会失败。所有步入结婚礼堂的男人和女人，70%会成功。"

狄克斯这样概括，"与婚姻相比，出生不过是一生的一幕，死亡不过是一件琐屑的意外……女人永远不能明白，为什么男人不用同样的努力，使他的家庭成为一个发达的机关，如同他使他的经营或职业成功一样……虽然有一个妻子，一个和平快乐的家庭，比赚100万元对一个男人更有意义……女人永远不明白，为什么她的丈夫不用一点外交手段来对待她。为什么不多用一点温柔手段，而不是高压手段，这是对他有益的。"

他还说："大凡男人都知道，他可先让妻子快乐然后使她做任何事，并且不需任何报酬。他知道如果他给她几句简单的恭维，说她管家如何好，她如何帮他的忙，她就会要节省一分钱了。每个男人都知道，如果他告诉他的妻子，她穿着去年的衣服如何美丽、可爱，她就不会再买最时髦的巴黎进口货了。

每个男人都知道，他可把妻子的眼睛吻得闭起来，直到她盲如蝙蝠；他只要在她唇上热烈地一吻，即可使她像牡蛎一样闭上嘴。而且每个妻子都知道，她的丈夫都知道自己对他需要些什么，因为她已经完全给他表白过，她又永远不知道是要对他发怒，还是讨厌他，因为他情愿与她争吵，情愿浪费他的钱为她买新衣、汽车、珠宝，而不愿为一点小事去谄媚，按她所迫切要求的来对待她。"

同样，大凡女人都知道，她可先让丈夫快乐然后使他做任何事，并且不需任何报酬。她知道如果她给丈夫几句真诚的恭维，说他的事业做得如何好，他的能力是多么强大，他就会更加努力地工作。每个女人都知道，如果她告诉她的丈夫，她是如何需要他，有他的陪伴是多么美好，他就不会再在外面流连忘返了。

所以，如果你要保持家庭生活快乐，就要"对你的妻子（丈夫）要有礼貌"。

不讲理是吞食爱情的癌细胞。虽然我们都知道这一点，但糟糕的是，我们对待自己的亲人，居然赶不上对待陌生人那样有礼。

05 性的调和，
夫妻生活更和谐

社会卫生局秘书长凯瑟琳·见门特·戴维斯博士，有一次说服了1000位已婚妇女，非常坦白地答复一系列有关隐私的问题。结果令人非常地吃惊——揭露了一项一般美国成人性不快乐的惊人情形。

当她仔细看完那1000位已婚妇女交来的答案以后，戴维斯博士立刻就把她的看法发布出来，她认为美国离婚的主要原因之一，是肉体方面的乱点鸳鸯谱。

乔治·汉密尔顿博士的调查，也证实了这项发现。汉密尔顿博士用4年的时间研究100位男人和100位女人的婚姻。他向那些男人和女人个别地请问有关他们婚姻生活方面的400个问题，并对他们的问题做广泛彻底的讨论——其彻底的程度，使得这项调查花了4年的时间。在社会学方面，这项工作受人重视，因此就得到了一群慈善家的资助。有关这次调查的结果，看一看汉密尔顿和麦克遇万所著的《婚姻的问题是什么》一书就可以知道。

那么，婚姻的问题究竟是什么呢？汉密尔顿博士说，"只有极为偏见和鲁莽的精神病医师，才会说婚姻大部分的摩擦，不是根源于性的不调和。不论是什么情形，如果性关系本身很满足，即使因其他问题而产生摩擦，大部分也都会被忽视掉了。"

洛杉矶家庭关系学社社长保罗·波皮诺博士曾看过好几千个婚姻上的事件，他是美国家庭生活方面的权威人士之一。根据波皮诺博士的看法，婚姻失败通常有四个原因。他把它们按次序列出如下：

（1）性的不调和；

（2）意见不一致，如空闲的时候该到哪里去；

（3）钞票不够；

（4）精神上、身体上，或情绪上的不正常。

请注意，性的问题居第一位。非常出乎一般人的意料，钞票不过只占第三位。

所有离婚方面的权威都同意，在性的方面，夫妻一定要能相配。例如，辛辛那提的家庭关系法院哈夫曼法官——一位曾经听过好几千件家庭悲剧的人——宣称："十件离婚，九件是因为性的问题。"

"性，"著名的心理学家约翰·瓦曾说，"被认为是生活中最重要的事情，并且也被认为是造成大部分男人和女人婚姻破灭的原因。"

我还听过好几位开业的医生在我班上所发表的演讲。他们所说的，实际上也是如此。那么，在这个世纪里，有那么多的书，那么多的教育，居然因为对这最原始，最自然的本能缺乏了解，而使婚姻和生活受到了破坏，你说悲哀不悲哀？

奥利佛·布特费牧师当了18年美以美教会的传教士以后，放弃了公开传教的工作，去纽约市主持家庭指导服务处，而他结婚之久，可能比许多年轻人的年龄还大。他说：

"根据我早期身为一位传教士的经验，我发现许多步入结婚礼堂的人，尽管有美好的罗曼史和美好的期望，但却是'婚姻上的无知者。'"

"婚姻上的无知者！"他继续说："当你想到我们把婚姻上相互调节最困难的大部分都交给了机会，而我们离婚率只有16%，可以说还是一个奇迹呢。许多丈夫和太太并不是真的结婚了，只是没有离婚而已。他们过着像地狱一样的生活。"

"婚姻的快乐幸福，"布特费博士说，"很少是机会的产物。它们是建造起来的，而且是根据理智地和审慎地计划。"

为了协助做这种计划，多年以来，布特费在主持任何一对新人的婚礼的时候，一定要双方坦白地来和他谈一谈他们对未来的计划。就是从这些谈话中，他才得到这个结论，认为许多双方关系已经非常密切的当事人，都是"婚姻上的无知者"。

"性，"布特费博士说，"只是婚姻生活中许多要满足的事情之一，但除非这个关系弄好了，其他的事才能弄好。"

但怎样才能弄好呢？

"有意见不说，"——我还是引用布特费博士的话——"这个习惯必须改变。必须能够客观地、超然地来讨论婚姻生活的态度和作法。要获得这种能力，除了看一本内容高超的书以外，别无他途。除了我自著的《婚姻和性的和谐》以外，我还找来好几本这样的书。

"在所有买得到的书中，下面两本似乎最能适合一般人的需要：伊沙贝尔·胡顿所著的《婚姻中的性技巧》和马克斯·伊斯纳所著的《婚姻中性的一面》。"

一个朋友曾经讲述过一个故事——"一本书挽救了我的婚姻生活"。

"大学毕业以后，我在一家大公司上班。5年后，公司派我去太平洋另一端担任远东地区代表。在离开美国的前一周，我和我心目中最英俊潇洒的男子结了婚。可是，我们的蜜月之旅却很糟糕，尤其对于他来说，更是失望之极。当我们到了夏威夷之后，他更是觉得我们的婚姻太不幸了，要不是他羞于面对亲朋好友，并承认婚姻生活的失败，他早就回美国了。

"在远东头两年的婚姻生活，我们都过得很不愉快，我甚至好几次想要自杀。可是，有一天，我偶然读到了一本书，它让我的生活有了翻天覆地的变化。阅读是我最大的爱好。那天，我去拜访同在远东的美国朋友，在参观她有丰富藏书的书房时，我发现了一本威尔蒂博士所著的名为《理想婚姻》的书。单看书名，似乎是一本讲大道理的说教书，不过，出于好奇，我还是翻开读了几页。我发现里面全都在谈论关于婚姻中的"性生活"——坦诚而客观地讲解分析，而不是粗俗之谈。

"要是有人对我说我应该读一读和"性"有关的书，我会感到受到了羞辱。看那种书？我甚至可以自己写一本那方面的书。可是我的婚姻生活确实处在危机之中，我决定好好读读这本书，于是，我鼓起勇气问朋友我是否可以借这本书回家看。我现在想说，读那本书真的是我生命中特别重要的一件事。我的丈夫也读了那本书，就是这本书，令我们婚姻从破裂的边缘走向幸福与快乐。如果我有100万美元，我会买下那本书的版权，印上几百万册，免费发放给所有的夫妇。

"我曾读过著名心理学家沃尔逊博士写过的这么一段话：'对性的交流，无疑是人们生命中非常重要的一件事。可惜的是，这件事却成为大部分夫妻的婚姻结束的真正根源，对，就是这件事。'"

无疑，沃尔逊博士的话很有道理，那我们为何还要让对性一无所知的年轻男女们结婚，毁灭他们的婚姻生活呢？

如果你想知道婚姻中究竟是哪里出了问题，汉密尔顿博士可以告诉你，他曾花了4年时间来调查这个问题，和麦克高文博士合成了《婚姻的问题》一书。他在书里写道："大部分不美满的婚姻，其根源都在于性生活的不协调，聪明的心理学家都赞同这个观点。不论从什么角度来说，只要在性生活方面达到协调，婚姻生活中许多其他的问题都变得容易解决。"

我相信他的观点，因为我自己已从不美满的婚姻中明白了这个道理。

"如何使你的家庭生活更快乐"，建议你"读一本有关婚姻中性生活的好书"。

06 对生活感兴趣的女人，
是最幸福的女人

　　每个人都有自己的烦恼、梦想和野心，都渴望有机会和他人来分享自己的快乐和忧愁，试着伸出你的援手，也许就会为别人带来惊人的改变。我可以写一本有关忘我而找回健康快乐的书，这种故事太多了。我先举玛格丽特·泰勒·耶茨的故事为例，她是美国海军最受欢迎的女性。

　　耶茨太太是一位小说家，但她写的小说没有一部比她自己的故事更精彩，她的故事发生在日本偷袭珍珠港的那天早晨。耶茨太太由于心脏不好，一年多来躺在床上不能动，一天得在床上度过22个小时。最长的旅程是由房间走到花园去进行日光浴，即使那样，也还得倚着女佣的扶持才能走动。她亲口告诉我她当年的故事："我当年以为自己的后半辈子就这样卧床了。如果不是日军来轰炸珍珠港，我永远都不能再真正生活了。

"发生轰炸时，一切都陷入了混乱。一颗炸弹掉在我家附近，震得我跌下了床。陆军派出卡车去接海、陆军军人的妻儿到学校避难，红十字会的人打电话给那些有多余房间的人。他们知道我床旁有个电话，问我是否愿意帮忙作为联络中心。于是我记录那些海军陆军的妻小现在留在哪里，红十字会的人会叫那些先生们打电话来我这里找他们的眷属。

"很快我发现我先生是安全的。于是，我努力为那些不知先生生死的太太们打气，也安慰那些寡妇们——好多太太都失去了丈夫。这一次阵亡的官兵共计2117人，另有960人失踪。

"开始的时候，我还躺在床上接听电话，后来我坐在了床上。最后，我越来越忙，又亢奋，忘了自己的毛病，我开始下床坐到桌边。因为帮助那些比我情况还惨的人，使我完全忘了我自己，我再也不用躺在床上了，除了每晚睡觉8个小时。我发现如果不是日本空袭珍珠港，我可能下半辈子都是个废人。我躺在床上很舒服，我总是在消极地等待，现在我才知道潜意识里我已失去了复原的意志。

"空袭珍珠港是美国历史上一次最大的悲剧，但对我个人而言，却是我碰到过的最好的一件事。这个可怕的危机让我找到我从来不知道自己拥有的力量，它迫使我把注意力从自己身上转移到别人身上。它也给了我一个活下去的重要理由，我再也没有时间去想我自己或只为自己担忧。"

心理医师的病人如果都能像耶茨太太所做的那样去帮助别人，起码有三分之一可以痊愈。这是我个人的想法吗？不，这是著名心理学家荣格说的，他说："我的病人中，大约有三分之一都不能在医学上找到任何病因，他们只是找不到生命的意义，而且自怜。换个方式说，他们一生只想搭个顺风车——而游行队伍就在他们身边经过。于是他们带着自怜、无聊与无用的人生去找心理医师。赶不上一班渡轮，他们会站在码头上，责怪所有的人，除了他自己，他们要求全世界满足他们自我中心的欲求。"你现在可能会说："这些事也不怎么样，如果圣诞夜遇到孤儿，我也会关心他们；如果我碰到珍珠港事件，我也会很高兴做耶茨太太所做的事，可是我的状况跟人家不同。我的日子再平凡不过了。我一天得做八小时无聊的工作，从来没有任何有趣的事发生在我身上。我怎么会有兴趣去帮助别人呢？我又干吗要帮助别人？那对我有什么好处呢？"问得好，我会努力回答这些问题。无论你的生活多么平凡，但几乎每天都会碰到一些人，你对他们怎么样？你是仅仅看他们一眼，还是试图去了解他们的生活？譬如一个邮差，每年要走几百公里路，把一封封信送到你的门口，你曾经尝试过问他住在哪里，或者要求看一看他太太和孩子的照片吗？你有没有问一问他的脚是否很酸？他的工作会不会让他觉得很烦呢？还有那些杂货店里送货的孩子、卖报的人、街角为你擦鞋的那个家伙。这些人也都是人，都有自己的烦恼、梦想和野心，他们渴望有机会和他人来分享自己的快乐和忧愁，可你有没有给他们机会呢？你有没有对他们的生活流露出一份兴趣呢？这就是我的回答。你不一定要做南丁格尔或者一名社会革命家才能改变这个世界，但你可以从明天早上开始，从你所碰到的那些人做起。这样做有什么好处呢？它能给你带来更多的快乐和更大的满足，能让你心中充满惬意。亚里士多德将这种人生态度称之为"有益于人的自私"。古代波斯的拜火教教主琐罗亚斯特曾说过："做好事来帮助他人并不是一种责任，而是一种快乐，它能够使你自己变得更健康和更快乐。"富兰克林的说法更直截了当："当你善待他人时，也就是在善待自己。"

亨利·林克——纽约心理治疗中心的负责人认为："以我所见，现代心理学最重要的发现，就是以科学的方式证明，人必须自我牺牲和自我约束，才能达到自我意识与快乐。"多从他人的角度思考，不仅能使你不再充满忧虑，还能帮助你广交朋友，获得更多的人生乐趣。

但是究竟怎样才能做到这一点呢？一所大学的凯瑟琳教授这

样说："无论是住旅馆、理发，还是购物，我总是对自己所碰到的人说一些令他们高兴的话，我始终将他们当作是一个人，而不是机器里的一个小零件。我会称赞商店里接待我的服务员小姐，说她的眼睛很漂亮，头发很美；我会很关切地询问正在为我理发的师傅，整天站着会不会觉得累？我向他了解他是如何干上理发这一行的，干了多久？是否曾经统计过一共剃过多少个头？我发现，当你对他人表示出浓厚的兴趣时，能够让他们高兴起来。当我与那个正在帮我搬行李的戴着红帽子的侍应生握手时，他就会觉得十分开心，就会充满了精神。

"一个炎热夏天的中午，我走进纽海文铁路餐车。餐车拥挤不堪，几乎变成了一个疯人院。由于人满为患，服务非常慢，等了很久，侍者才将菜单交给我，我边点菜边对他说：'后面厨房一定又热又闷，厨师们今天一定累极了。'那个侍者突然叫了起来，声音里充满了怨恨。最初，我以为他是在生气。'老天啊！'他大声地说，'每个人都抱怨这里的东西难吃，骂我们动作太慢，嫌这里的空气太闷热，饭菜的价钱太贵，在这里我听各种各样的抱怨已经有19年了。你是第一个，也是唯一一个对那些在闷热的厨房里干活的厨师表示同情的人，我真想乞求上帝多让我们有几个像你这样的客人。'"

"侍者之所以如此吃惊，在于我将后面那些黑人厨师也当作人看待，而不是将他们看作铁路大机构里面的小螺丝。"凯瑟琳教授接着说，"普通人所希望的，不过是他人能将自己当人来看待，每当我在街头看到有人牵着一条漂亮的狗时，我总会夸一夸那条狗，当我往前走几步回过头时，经常会看到那个人用手拍一拍狗头表示自己的欢欣。我的赞美使他更加喜欢自己的狗了。

"有一次，在英国我遇到一个牧羊人，我很真诚地赞美他那只又大又聪明的牧羊犬，并且虚心地请教他是如何训练那只牧羊犬的。我离开后再回头一看，发现那只牧羊犬前脚竖起，搭在牧羊人的肩膀上，牧羊人正充满爱意地抚摸着它。我们不过是对那个牧羊人和他的牧羊犬表示出一点点兴趣，就使得那个牧羊人很快乐，也使得那只牧羊犬很快乐，同时也使自己的心情变得愉悦起来。"

像这样一个会跟红帽子握手，会对在闷热的厨房工作的厨师表示同情，会告诉他人喜欢他们的狗的人，怎么会对他人充满怨恨，或者会对自己满怀忧虑而需要心理医生治疗呢？不可能！当然不可能！有句俗语说得好："授人玫瑰的，手留余香。"

下面讲的是一个满怀忧虑，闷闷不乐的女孩如何使好几个男人向她求婚的故事。故事里的那个女孩现在已做了祖母。几年前，我到她居住的小镇上演讲，曾经到她家中做客。演讲完的第二天早晨，她开车送我到20多公里以外的车站，从那里再转车到纽约中央车站去。一路上我们谈起如何交友的话题，她对我说：
"卡耐基先生，我想告诉你一件我从来没有跟任何人谈起的事
情，连我丈夫也不了解。"她出生在费城一个穷苦家庭里，"我
的少女时代是如此悲惨，由于家里贫穷，无法像其他女孩子那样
拥有那么多快乐的东西。衣服的质量很低劣，样式很落伍，而且
我长得太快，衣服总是不合身。对此我一直觉得很没面子，内心
充满了屈辱，常常躲在被窝里哭泣。绝望之余，我想到了一个办
法，在参加晚宴时，总是请男伴告诉我关于他自己的人生经验、
未来的计划以及对一些事情的看法。之所以反复地问这些问题，
并不是因为我对他们有特别的兴趣，而是避免男伴们注意我那些
难看的衣服。可是，奇怪的事情发生了，在与这些男伴谈天，并
且对他们有更多的了解后，我突然对他们的谈话产生了兴趣，甚
至忘记了自己的衣着问题了。可更令我吃惊的是，我耐心的倾
听，使那些男孩勇于畅谈自己的事情，并且使他们变得非常快
乐，我也渐渐成为周围最受欢迎的女孩子之一，甚至同时有三个
男孩向我求婚。"

　　如果我们想"为他人改善一切"——如同德莱塞所宣扬的那
样——那么就让我们赶快去做吧，不要浪费时间。"这条路我只
会经过一次，所以我所能做到的任何好事和我所能表现出来的任
何仁慈，现在就做到吧。让我既不拖延，也不忽视，因为我不会

再经过这条路了。"所以，如果你想消除忧虑，培养平和与幸福的心情，试着告诉自己：对别人感兴趣而忘掉你自己，每一天都做一件能让别人快乐而微笑的好事。

为他人改善一切。让我们赶快去做吧，不要浪费时间。

07 不求回报的女人，
是最幸福的女人

　　人人都希望付出最少的代价，获得最大限度的回报，而人类的天性却是容易忘记感恩。其实，施恩本身已经有着极大的快乐，为什么还要奢求感激呢?

　　既然要付出，就要单纯地付出，不要图回报。别人的感激与表扬并不是你最需要的，你真正得到的有意义的回报是你无私奉献的热情。只要你有了这种热情，你的生活就更加美好、更加惬意起来。在你付出的时候，你的心情坦然了，你就能体会到付出的乐趣。这是一种和你的生活密切相关的处事方式，它不仅会带给你快乐，而且做起来也是轻而易举的。

　　一个住在纽约的女人，她常常因为孤独而不停地埋怨，她的亲戚们也没有一个人愿意亲近她。如果有人去拜访她，她就会连续几个钟头不停诉说她做的各种好事。

她帮助过的侄女们出于责任感偶尔会来看看她。因为她们知道必须坐在那儿好几个小时，听她拐弯抹角地骂人，还得听她那没完没了的埋怨和自怜的叹息，所以都很害怕来看她。

后来这个女人无法威逼利诱她的侄女再来看她的时候，她便搬出她的"法宝"——心脏病发作。

关于这是真是假，医生说她有一个"很神经的心脏"，才会发生心脏亢进症。而医生们一点办法也没有，她的问题完全是情感上的。

这个女人所真正需要的是爱和关注，也就是她所认为的"感恩图报"。因为在她看来，她去要求别人的那些，都是她该得的，所以她永远也不可能得到这种感恩和爱。

世界上像这样的人不知有多少。这些人都因为"别人的忘恩"、孤独和被人忽视而生病。他们希望有人爱他们，可是在这个世界上唯一能够被爱的办法，就是不再去要求，而开始付出，并且不希望回报。

我们也可以用比尔家的故事来对比一下。

丽莎家一直很穷，债台高筑，但她的父母每年总是尽量想办法送点钱到孤儿院去。那是设在爱荷华州的一座基督教孤儿院。

她的父亲和母亲从来没有到那里去看过，或许也没有人为他们所捐的钱谢过他们。虽然偶尔会有几封感谢信，可是他们所得到的报酬却非常丰富，因为他们得到帮助孤儿的乐趣，而并不希望或等着别人来感激。

丽莎离家之后，每年的圣诞节总会寄一张支票给父母，让他们买一点比较奢侈的东西。可是他们很少这样做，当他每个圣诞节前几天回到家里的时候，父亲就会告诉她又买了一些煤和杂货送给镇上一些可怜的人——那些有一大堆孩子却没有钱去买食物和柴火的人。他们送这些礼物时也得到很多的快乐——就是只有付出，而不希望得到任何回报的快乐。

实际上，一个真正有智慧、内心充满平和宁静的人，是不会刻意去期待他人的回报的。你的付出也可以使你在情感上得到同等程度的愉悦，你感觉上的回报就是你意识到你做出了这些付出。

如果你感到替别人做了什么而得不到任何回报，那么导致你心里不平衡的根本原因是隐藏在你内心的互惠主义，它干扰你内心的平静，它使你老是在想：我想要什么，我需要什么，我应当索取什么。如果付出就想要得到回报，也许好事就会变成坏事。

有一个美国青年，曾从深井中救出一个小女孩，得到女孩父母的深深感激和众人的钦佩。不幸的是，从此以后，无论他走到哪里都希望人们知道他的这一善行。随着岁月的流逝，人们渐渐淡忘了，但他却念念不忘，越来越无法忍受人们如此对待他这样一个救人英雄，最后不得不选择了自杀。

在你对他人付出的时候，如果你刻意去期待他人的回报，那么在他人看来，你的付出只是你换取他人回报的"筹码"，这样就显得不够真诚，反而无法实现你打造良好人际关系网的初衷。

人生的价值在于你付出了多少，而不是得到多少。付出是一种幸福，为什么还要奢求得到他人的感激呢？

在德克萨斯州有一个正为某事而愤怒的商人，而令她愤怒的那件事却发生在11个月以前，可是她的火气还是大得不得了，简直无法谈及那件事。她发给34位员工一共1万美元的年终奖金，但没有一个人感谢她。她一直在后悔，并且觉得应该一毛钱都不给他们。愤怒的人心里都充满了怨恨。她实在令人同情，她大概有60岁了。根据人寿保险公司的计算方法，平均来说，她已经活到了现在的年龄到80岁之间差距的2/3还要多，所以这位女士——就算她有很好的运气——也许还有14～15年可活，而她却浪费了几乎一年的时间，来埋怨怀恨一件早已过去的事情。

她不该沉浸在怨恨和自怜中，该问问自己：为什么没有人感激她？也许她平常付给员工的薪水很低，而派给他们的工作却太多；也许他们认为年终奖金不是一份礼物，而是他们付出劳动赚来的；也许她平常对人太挑剔，太不亲切，所以没有人敢或者愿意来谢谢她；也许他们觉得她之所以付年终奖金，是因为大部分的收益得拿去付税。

从另一方面来说，也许那些员工都很自私、很恶劣、很没礼貌。而不管怎样，我们都不知道真相如何。感谢是良好教养的成果，在一般人中很难找到。

这个人希望别人对他感恩，正犯了一般人的共有缺点，可以说是完全不懂人性。

如果你救了一个人的命，你是不是希望他感谢你呢？可能会。可是山姆·里博维兹在任法官之前是一个有名的刑事律师，曾经救过78个人的命，使他们不必坐上电椅。而这些人中有多少个会感谢山姆·里博维兹，顶多送他一张圣诞卡。

至于钱的问题，这就更没希望了。查尔斯·舒万博曾经说过，有一次他救了一个挪用银行公款的出纳员。那个人把公款花在股票市场上，舒万博用自己的钱救了那个人，让他不至于受罚。而那位出纳员只是在很短的一段时间内感激过他，然后他就转过身来辱骂和批评舒万博——这个让他免于坐牢的人。

要是你给一位亲戚100万美元，你会不会希望他感激你呢？安祖就做过这样的事。可是如果安祖能够从坟墓里复活，他一定会吃惊地发现那位亲戚正在咒骂他。因为他将36 500万美元捐给公共慈善机构，只给了这位亲戚区区的100万美元。

事情就是这样，那个亲戚在他有生之日恐怕不会有什么改变。那个统治过罗马帝国的聪明的马可·奥勒留有一次在日记里写着："我今天要去见那些多嘴的人——那些自私、以自我为中心、丝毫不知感激的人。可是我既不吃惊，也不难过，因为我无法想象一个没有这种人的世界。"

这话很有道理，要是你到处怨恨别人对你不知感激，那么该怪谁呢？是该怪人性如此，还是该怪我们对人性不了解呢？让我们试着不要指望别人报答，那么如果我们偶然得到别人的感激，就会是一种意外的惊喜；如果我们得不到，也不会为这点难过。

08 不唠叨的女人，
是最幸福的女人

75年前，法国皇帝拿破仑三世，就是拿破仑·波拿巴的侄儿，他和世界上最美丽的女人伊金尼·迪芭女伯爵坠入情网。很快，他们就结婚了。他的那些大臣们纷纷劝告说，迪芭只是西班牙一个并非显赫的伯爵女儿。可是拿破仑却反驳说："这又有什么关系呢？"

是的，她的优雅、她的青春、她的诱惑、她的美丽，使拿破仑感到了神仙般的幸福。

拿破仑和他的妻子具有健康、权力、声望、美貌、爱情，一切美满婚姻所完全具备的条件，那简直就是最完美的婚姻，它的光彩让人炫目。

可是，没有多久，这炫目的光彩就暗淡下来，后来只剩下灰色。拿破仑可以用他的爱和皇权使迪芭小姐成为法兰西的皇后。可是他爱情的力量、国王的权威，却无法阻止这个女人的疑心、嫉妒和喋喋不休。

迪芭在嫉妒疑心的驱使下，无视他的命令，甚至不许拿破仑有任何私人秘密。她经常会在他处理国事时贸然闯入他的办公室，在他讨论最重要的事务时，不停地干扰，甚至决不允许他单独一个人，总怕拿破仑会跟其他的女人相好。

她常对姐姐抱怨她的丈夫，诉苦、哭泣、喋喋不休！她会闯进他的书房，暴跳如雷、恶言谩骂。拿破仑三世拥有许多富丽的宫殿，身为一国的元首，却找不到一间小屋子能使他宁静安居下来。

伊金尼·迪芭小姐的那些吵闹，又得到了什么呢？

答案如下：我引用莱哈特的巨著《拿破仑三世与伊金尼：一个帝国的悲喜剧》："于是，拿破仑三世常常在夜间，从一处小侧门溜出去，头上的软帽盖着眼睛，在他的一位亲信陪同之下，真的去找一位等待着他的美丽女人，再不然就出去看看巴黎这个古城，到神仙故事中的皇帝所不常看到的街道溜达溜达，呼吸着本来应该拥有的自由空气。"

这就是伊金尼唠叨所得到的后果。不错，她是坐在法国皇后的宝座上，不错，她是世界上最美丽的女人。但在唠叨的毒害之下，她的尊贵和美丽，并不能保持住爱情。伊金尼可以提高她的声音，哭叫着说："我所最怕的事情，终于降临在我的身上。"降临在她的身上？其实是她自找的，这位可怜的女人，一切都是因为她的嫉妒和唠叨。

在地狱中，魔鬼为了破坏爱情而发明的一定会成功而恶毒的办法中，唠叨就是最厉害的了。它永远不会失败，就像眼镜蛇咬人一样，总是具有破坏性，总是会置人于死地。

俄国大文豪托尔斯泰的夫人也明白这一点，可是已经太晚了。当她临死前，向她的女儿忏悔说："是我害死了你们的父亲。"她的女儿们没有回答，几个人抱头大哭。她们知道母亲说得不错。她们知道她是以不断的埋怨、永远没完没了的批评和永远没完没了的唠叨，把他害死的。

可是从各方面来说，托尔斯泰和他的夫人处在优越的环境里，应当十分快乐才对。托尔斯泰是历史上最伟大的文学巨匠之一，他的两部名著《战争与和平》和《安娜·卡列尼娜》，都是人类文学史上不朽的作品。

托尔斯泰真是太出名了，他在世时备受人们的爱戴，崇拜他的人终日追随在他身边，将他所说的每一句话，都像宝贝一样记下来。甚至连"我想我该去睡了！"这样一句平淡无奇的话，也都记录下来。现在俄国政府，把他所有写过的字句都印成书籍，这样合起来有100卷之多。

除了美好的声誉外，托尔斯泰和他的夫人有财产、有地位、有孩子。普天下几乎没有像他们那样美满的姻缘。他们的结合似乎是太美满，太甜蜜了。所以开始时，他们也确实幸福。他们相信他们一定会白头偕老。因此，两个人跪在一起，祈祷全能的上帝，永远不断地把这种幸福赐给他们。

后来，发生了一件惊人的事，托尔斯泰渐渐地改变了。他变成了完全不同的一个人，他对自己过去的作品感到羞愧。就从那时候开始，他把剩余的生命，贡献于写宣传和平、消灭战争和解除贫困的小册子。

　　这位曾经承认在他年轻的时候，犯过每一件可以想象得出的罪恶——甚至包括谋杀——的人，试着要完全遵循耶稣所说的话。他把自己的产业都送给别人，过着穷苦的生活。自己在田地上工作，砍柴叉草。自己做鞋，扫地，用木碗吃饭，以及试着去爱他的敌人。

　　托尔斯泰的一生是一场悲剧，而之所以成为悲剧，原因在于他的婚姻。他的夫人喜爱华丽，但他却看不起。她热爱名声和社会的赞誉，但这些虚浮的事情，对他却毫无意义。她渴望金钱财富，但他认为财富和私人财产是罪恶的事。多年以来，由于他坚持把著作的版权一毛钱也不要地送给别人，她就一直地唠叨着，责骂着和哭闹着。

　　她希望有金钱和财产，而他却认为财富和私产是一种罪恶。

　　这样经过了好多年，她吵闹、谩骂、哭叫，因为他坚持放弃他所有作品的收益，不收任何的稿费、版税，可是，她却希望得到这些财富。当他反对她时，她就会像疯子似的哭闹，倒在地板上打滚，她手里拿了一瓶鸦片烟膏，要吞下去。

　　在某天晚上，这个青春已去、容颜已老、饱受内心折磨的妻子，还在渴望着爱情的温暖，她跪在丈夫膝前，央求他朗诵50年前他为她所写的最美丽的爱情诗章。当他读了那早已永远逝去的美丽的快乐时光后，两个人都哭了。现实的生活，跟他们早先拥有的罗曼蒂克之梦多么的不同！而且多么明显地不同！

最后，在托尔斯泰82岁的时候，他再也忍受不了家庭折磨的痛苦，就在1910年10月的一个大雪纷飞的夜晚，他摆脱了妻子逃出家门。

11天后，托尔斯泰因患肺炎，倒在一个车站里。他临死前的请求是：不允许他的妻子来看他。

这就是托尔斯泰夫人抱怨、吵闹和歇斯底里所造成的悲剧。

或许你会觉得，她是有许多事情要唠叨的，而且是应该的。可是，你想一想，你喋喋不休的唠叨，最后怎么样了呢？唠叨得到些什么好处呢？唠叨是不是把一件不好的事弄得更糟呢？

"我真的认为我是神经病。"这就是托尔斯泰伯爵夫人对这段经过的看法，但是，已经太晚了。

林肯一生的大悲剧，是他的婚姻，而不是他在迎来胜利之时而被刺杀。请注意，是他的婚姻成为他一生的悲剧。那个疯狂的演员布斯开枪击中林肯以后，林肯就不省人事，永远不知道他被杀了。但是几乎23年来的每一天，他所得到的是什么呢？根据他律师事务所合伙人荷恩登所描述的，是"婚姻不幸的苦果"。"婚姻不幸"？说的还是婉转的呢。几乎有四分之一世纪，林肯夫人唠叨着他，骚扰着他，使他不得安静。

她老是抱怨这，抱怨那，老是批评她的丈夫。他的一切，在她看来从来就没有对的。她数落他，说他老是伛偻着肩膀，走路的样子也很怪。他提起脚步，直上直下的，像一个印第安人。她抱怨他走路没有弹性，姿态不够优雅，她模仿他走路的样子以取笑他，并唠叨着他，要他走路时脚尖先着地，就像她从勒星顿孟德尔夫人寄宿学校所学来的那样。

林肯的两只大耳朵，成直角地长在他头上的样子，她也不喜欢。她甚至还告诉他，说他鼻子不直，嘴唇太突出，看起来像痨病鬼，手和脚太大，而头又太小。

亚伯拉罕·林肯和玛利·陶德在各方面都是相反的，教育、背景、脾气、爱好，以及想法，都是相反的。他们经常使对方不快。

"林肯夫人高而尖锐的声音，"这一代最杰出的林肯权威，已故参议员亚尔伯特·贝维瑞治写着，"在对街都可以听到，她盛怒时不停的责骂声，远传到附近的邻居家。她发泄怒气的方式，常常还不仅是言语而已。她暴乱的行为真是太多了，真是说也说不完。"

举一个例子来说，林肯夫妇刚结婚之后，跟杰可比·欧莉夫人住在一起——欧莉夫人是一位医生的遗孀，环境使她不得不分租房子和提供膳食。

一天早晨，林肯夫妇正在吃早饭，不知道林肯做了什么，引起了他太太的暴躁脾气。究竟是什么事，现在已经没有人记得了。但是林肯夫人在盛怒之下，把一杯热咖啡泼在她丈夫的脸上。当时还有许多其他房客在场。

当欧莉夫人进来，用湿毛巾替他擦脸和衣服的时候，林肯羞愧地静静坐在那里，不发一言。

林肯夫人的嫉妒是如此的愚蠢、凶暴，和令人不能相信，只要读到她在大众场合所弄出来的可悲而又有失风度的场面——而且在七十五年以后——都叫人惊讶不已。她最后终于发疯了。对她最客气的说法，也许是说，她之所以脾气暴躁，或许是受了她初期精神病的影响。

这样的唠叨、咒骂、发脾气，是否就改变了林肯呢？在某方面说，的确使林肯有所改变。确实改变了他对她的态度，确实使他深悔他不幸的婚姻，以及使他尽量避免和她在一起。

当时春田镇的律师一共有11位，要赚取生活费并不容易，因此，当法官大卫·戴维斯到各个地方开庭的时候，他们就骑着马跟着他，从一个郡到另一个郡。这样，他们才能在第八司法区所属各郡郡政府所在的各镇，弄到一些业务。

每个星期六，其他的律师都想办法回到春田镇和家人共度周末。可是林肯并不回春田镇——他害怕回家。春天三个月，然后秋天再三个月，他都随着巡回法庭留在外面，而不愿走近春田镇。

他每年都是这样。乡下旅馆的情况常常很恶劣，但尽管恶劣，他也宁愿留在旅馆，而不要回到自己家里去听他太太的唠叨和受她暴躁脾气的气。

这些就是林肯夫人、伊金尼皇后和托尔斯泰伯爵夫人唠叨所得到的后果。她们给生活带来的什么也没有，只有悲剧。她们毁坏了一切她们所最珍贵的东西。

贝丝·韩博格在纽约市家务关系法庭任职11年，曾经审判了好几千件遗弃的案子，她说男人离开家庭主要原因之一是因为太太过于唠叨。或者如泰晤士邮报所说的："许多太太们不停地在慢慢挖，自掘婚姻的坟墓。"

如果你要维持家庭生活的幸福快乐，一定要记住："绝对绝对不可以唠叨。"

第七章
做世界上最能帮助丈夫成功的女人

01 鼓励丈夫，
让丈夫的成功之路更平稳

爱默生说过："我真正需要的是一个人激发我的勇气，激励我去做有益的事情。"世界上生存的每个人都需要鼓励。这是千真万确的事！

聪明的妻子，会用真诚的赞美和鼓励使丈夫尽快地达成自己的梦想。

一位名人说过：每一个男人实际上都是两个人，一个是理想中的自己，另一个是现实中的自己。

的确，害羞的人总是希望自己变得勇敢些；孤僻、内向的人，总是希望自己能被大众喜爱；缺乏信心的人总会渴盼成为一个无所畏惧的人。妻子的一部分职责，就是帮助她的丈夫成为梦想中的那个人。在这个过程中，千万不要挑剔、指责，而是要充满激情地鼓励他，赞赏他。

当一个男人听到妻子这样说：你真了不起！你是我的骄傲……的时候，肯定是意气风发，斗志昂扬的。历史上不缺少妻子的鼓励使丈夫成功的事例。

霍桑在成名前是一个海关小职员。有一天，他垂头丧气地回来对妻子说，自己被炒鱿鱼了。妻子苏菲亚听后不仅没有生气，反而兴奋地说："这样，你就可以专心写书了！"霍桑一脸苦笑地答道："光写书不干活，我们靠什么吃饭呀？"这时，苏菲亚打开抽屉，拿出一沓为数不少的钞票。"这钱是从哪里来的？"霍桑吃惊地问。苏菲亚解释道："我相信你总有一天会写出一部出色的名著，所以，每个星期我都从家庭费用中节省一点。现在，这些钱够我们生活一年了。"正是妻子的信任和鼓励，霍桑最终完成了美国文学史上的巨著——《红字》。

既然妻子的鼓励有如此大的作用，那我们应该怎样鼓励一个男人呢？那就是，帮他找到并发挥自己的潜能，并不时地对他进行激励和赞赏。

如果丈夫缺少信心，我们可以和他一起回忆以前的事例，找到他过去充满勇气和信心的事情。

一个明智的妻子永远不会向丈夫说"你无论如何也不会成

功""你失败了"之类的话，他只会鼓励自己的丈夫，说"你肯定会成功的"。

一个著名的台球选手，在刚刚到达美国的时候，没有机会进行台球比赛，就做了很多其他工作，结果最后都以失败而告终。有一次，他和妻子一起观看了一场赛车比赛，妻子发现了他对赛车的兴趣，并且对他说：他肯定是一个深具潜力的赛车天才。由于妻子的鼓励，赛车场多了一个天才式的人物。

因此，请用鼓励让你梦想中的丈夫变成现实吧。

02 用信任激起
丈夫的雄心壮志

每个男人都有雄心壮志，因为人只要活着，就不会甘于平庸。而一个女人，最终可以决定丈夫的雄心壮志是否能够实现。

有的时候，信任会激起一个人的雄心壮志，尤其是妻子对丈夫的信任。

在发明汽车之前，亨利·福特是密西根底特律的一家电灯公司的普通技工，月薪只有11美元，可工作的时间却要满10小时。就是这样，他在下班回家后没有帮助妻子做家务，而是在一个旧工棚里不停的忙碌。想着为马车安上一个全新的动力，使其摆脱马的拉力。

当时他的父亲和邻居们都认为马拉车是一种非常自然的现

象，要想找到代替马的动力，那真是异想天开。所以，这些人都嘲笑他，认为他是个笨蛋。只有亨利·福特的妻子无条件地信任他，而且一直尽自己的所能帮助他。亨利·福特进行研究，他的妻子就在一边帮助他。冬天天黑得早，为了亨利能顺利工作，妻子就在一边提着煤油灯，即使凛冽的寒风吹得双手干裂，她也没有放弃。因为，她相信自己的丈夫一定会成功。在这种信念的支持下，亨利·福特经过三年的研究，终于发明了引擎。亨利·福特把引擎安在马车上，驾驶着马车出去跑了一圈。邻居们都被这种奇怪的现象惊呆了：马车没有马拉，竟然能跑？

当时亨利的农夫父亲和邻居们无不认为他是个大笨蛋，纯粹是在浪费时间。除了他的妻子，所有的人都在取笑他，认为他笨拙的修修补补不可能造出什么东西。

可是，一个影响了美国，也影响了世界的伟大发明就这样诞生了。我们如果把亨利·福特称作"新工业之父"，那么福特夫人就应该被称为"新工业之母"了。

这就是信任的力量。在丈夫事业的起航阶段，需要妻子的信任。在丈夫的事业出现危机的时候，在丈夫处于失败边缘的时候，也需要妻子的信任。因为如果连妻子都不信任丈夫了，那谁还能够相信他呢？

《圣经》上说："每个人都希望拥有信心，因为它能够为我们看不到的东西做证明。"妻子对丈夫的信任，是出于她们对丈夫的爱，因为爱，她们能够发现丈夫成功的特质。所以妻子必须用充满爱的语言和行动去表达对丈夫的信心，激起他的雄心壮志。

03 艺术的批评，
让丈夫跃马扬鞭

　　有些妻子经常对着自己的朋友长吁短叹：自己的丈夫为什么不像别的人那么会赚钱，自己的丈夫为什么不像别的人那样写出一本畅销书，自己的丈夫为什么得不到一份轻松悠闲的好工作，自己的丈夫为什么不像其他人那样拥有长长的时间陪伴自己。这些妻子没有想到，正是自己无休无止的指责和挑剔，毁了自己的丈夫，也将毁掉自己的婚姻幸福。许多男性在生活中垂头丧气，就是因为自己的妻子打击他的每一个想法和希望。

　　根据权威机构的调查表明，在丈夫眼中，妻子最大的缺点就是指责、挑剔。再没有其他的缺点能够比指责、挑剔给家庭和婚姻生活带来的伤害更巨大的了。

从古到今有许多悍妇。古希腊的大哲学家苏格拉底的妻子是个心胸狭窄、性格冥顽不化的女人。她经常唠叨不休，动辄破口大骂，使堂堂哲学家丈夫窘困不堪。为了躲避她，苏格拉底不得不躲到雅典城外的大树下沉思哲理；美国总统亚伯拉罕·林肯的妻子也是一个经常指责自己丈夫的人，林肯为了躲避她，宁可外出办案也不回家。

当时，在妻子们看来，丈夫都是不求上进的，只有指责才会改变这种状况。可是，真的有效果吗？恐怕只有太阳从西边出来吧。

一个大型公司的总裁，曾经是一个小小的推销员，在公司和客户周旋了一天，回到家里是想得到休息，可是得到的却是妻子的一番指责："今天的生意还是没有起色吧？你的佣金又被抢走了吧？经理的训斥不好听吧？你真是一个没有出息的男人。"就是在这种情况下，他仍然坚持奋斗，最终成为一家大型公司的总裁。他的妻子呢？在他不想继续忍受她的嘲讽之时，就和她离婚了。而他的妻子则完全不知道为什么会这样。她在和朋友们的谈话中不停地抱怨："他真是个没有良心的东西，我省吃俭用那么多年，现在他发达了，就抛弃了我。"没有人告诉她丈夫离开她的真正原因。但是，无休止的指责的确会毁了丈夫的自尊心和自信心。

而且，妻子习惯于将自己的丈夫和那些成功人士做对比，尤其是将丈夫的缺点和他人的优点做对比，因为，只有这样，妻子才能有指责丈夫的理由。

"为什么你那么不求上进，这么长时间了还只是部门主管？彼尔·史密斯都已经是部门经理了，薪水都拿到两万多了。""我同事的丈夫真能干，挣了很多钱，又给家里买了一套房子。""当初我要是嫁给赫波特，一定不像现在和你在一起受罪。"把自己的丈夫和别人相比，是最具伤害性的一种行为，尤其是这种行为带来的伤害是心理上的，无影无形。

一个丈夫，如果每天回家后面对的都是这样无休止的指责，那么不管他想做的事业如何伟大，不管他原来的进取心如何强烈，他都会丧失。

因此，为了丈夫，为了家庭的幸福，请停止指责。

达到自己的目的的方式有许多种，指责是最不可取的一种。

你完全可以用温和的方式达到目的。赞美自己的丈夫更容易让他行动起来。如"亲爱的，你真能干，把车库打扫得干干净净。"这样的方法，会让你的目的更容易实现。你也可以采用幽默的方式。当丈夫犯了错误之后，暴跳如雷无助于解决事情。这时的一句玩笑可以化解尴尬。下列故事可以说明这一点。机场里有许多人在买飞机票，队排得很长。这时候来了一位气度不凡的绅士。他先是批评售票员票卖得太慢，耽误了他的时间。接着他又分开人群，挤到前面，自命不凡地大声喊："你们知道我是谁吗？"售票员很厌恶，他缓缓地对其他工作人员说："他问咱们他是谁，看来他把自己都忘了。"又转过脸对排着队的旅客说："你们谁能帮助这位先生回忆一下？他连自己是谁都忘了！"队列中出现一阵快乐的笑声，这位绅士的脸红了，他回到了队伍的后面。这都是幽默的力量。

所以，能让丈夫愉悦地接受自己的意见，就不要用批评指责的方法。

04 目标，
丈夫事业成功的起点

简单地说，如果你想在某方面改造一个人，那就做得好像他早就已经具备这样的性格特征一样。莎士比亚说："假定一种美德，如果你没有。"最好是假定，并公开地说，对方有你想让他发展的美德。给他一个好名誉让他去实现，他就会尽量努力，而不愿让你失望。

首先，应该让丈夫知道有目标的路更好走。

在生活中，随处可见这样的人，他们态度散漫，对生活无所追求，找工作时随随便便，结婚时稀里糊涂，随波逐流地过日子，事业上没有一点进取心，却随时做着白日梦，希望天上掉馅饼，让自己的生活美好起来。这样的人怎么能获得成功。

一位职业指导师总结了失业人员的共同问题。她认为，失业人员总是对自己以前做的工作不满意，是因为这些人不知道自己的真正需要是什么，所以，她在指导他们寻找工作之前所做的事情就是帮他们确定内心的愿望和目标。这也正是一位妻子应该帮助丈夫的事情，妻子应该帮助丈夫找到生活的目标，然后让他朝这个目标前进。

婚姻幸福快乐的基础应该建立在共同的生活愿望之上，无论这个愿望是什么——一次开心的旅游，一件向往已久的家具，一幢新房子……

下面的故事就是一个完美的证明。威廉先生从小时候就知道从油料经营和投资中获得利润。现在。他和夫人玛丽女士拥有了令人羡慕的财富：成功的事业、豪华的住宅、聪明可爱的孩子。有人向威廉先生请教成功的秘诀，他说："首先要有一个长远的计划，然后努力实现它。"

在他和玛丽结婚不久，他们就开始做房屋的买卖工作，从中赚取一些佣金。起初，他们租了一间小小的办公室，威廉外出寻找客户，玛丽负责联系客户。他们常常是饥一顿饱一顿，但是，他们仍然坚持下来。佣金多了，他们就自己买房子然后再卖出去，接着。他们开始自己建造房屋出售。应该说，这个时候。他们的事业已经是一片坦途。但是，威廉却认为自己应该有更好的发展，应该寻找更加光明的事业。所以，威廉夫妇反复商量，最终选择了石油生意。石油生意成功了，他们又谋求更加广阔的发展。就这样，他们的事业越来越大，越来越光明。

正因为他们永不满足，有了目标就努力去追求，所以他们的目标才能不断实现。这就好比一个人，在大森林里行走，如果有明确的方向，就会很快走出来，如果没有方向，就只能迷失在森林里。

所以，如果想让你的丈夫出人头地，首先要帮他选择和确定目标。

而且，妻子在帮丈夫确立目标后，还应该积极参与这个目标的达成过程。因为夫妻之间仅仅是相爱是不够的，共同的努力才会让家庭幸福。

尼克先生从小失去了父母，只能进入孤儿院，在孤儿院，他们不仅需要从早到晚的工作，而且，还总是吃不饱。尼克最大的愿望就是能够上学，这样就可以离开孤儿院了。终于，一位好心人资助了尼克。尼克上学了，在学习上，他展现了自己的天赋，学习成绩很好。中学毕业后，由于资助人的去世，他不得不到社会上谋生。起初，他在一家裁缝店工作，一干就是14年。而且，幸运的是。他认识了自己的妻子并结了婚。结婚后不久，经济不景气，裁缝店开始裁剪人员。他们不得不独自谋生。

　　他们想方设法筹集了一笔资金，妻子还卖掉了自己的首饰，终于，他们开办了一家房地产公司。公司生意兴隆，财源滚滚。这时，妻子却做出了一个重要决定，让尼克去上大学。尼克努力学习，获得了学位，继续回到公司帮妻子做生意。房地产生意扩大了。但是他们仍然没有满足，而是，继续努力，让自己的生意进一步扩大。他们忙忙碌碌，却幸福多多。

　　一位太太说："我希望我的丈夫永远不要感到满足，不要停下他进取的步伐。我们这五年的生活中，每年都会为一个目标去努力——首先是他的学位，其次是进修课，然后是谋取一个自由投稿的工作，现在则是他的事业。如果有一天他对我说，他已经满足了，那么我们的蜜月也就结束了。"

　　所以，在实现一个目标之后，就马上为自己和丈夫确定一个新的目标，这就是成功的秘密。

05 包容,
丈夫事业成功的港湾

"在生活中,我会做出许多傻事。"英国政治家及小说家迪斯累利这样说道。他在1868年及1874到1880年任首相,人们曾把他的一生拍摄成电影,其中一部为《良相佐国》,他是一位成功的政治家。他曾说:"但我从来不想为爱情而结婚。"

他的确是这样做的。他35岁以前一直过着单身的生活,直到那一年他遇到了一位有钱的头发花白的且比他大15岁的寡妇,50岁的年纪,头发全白了。他向她求婚了。她也知道他找她是为了她的钱,所以她告诉他,她要观察他一年再说。一年后,他们真的结婚了。这故事听起来让人觉得太功利,太不浪漫了。但奇怪的是,迪斯累利的婚姻,竟变成在充满破碎和污点的婚姻史中最成功的例子之一。

他们的婚姻非常成功。他这位富婆妻子既不年轻，也不美貌，更不聪明。她说话时常常发生文字和历史的错误。她对服装的兴趣古怪，对房间装饰的兴趣奇异，但重要的一点她却做得非常好，那就是她懂得怎样驾驭男人。她从不和丈夫对抗，当迪斯累利在外面和别的夫人们唇枪舌剑地谈得筋疲力尽回家以后，玛莉安能让他在轻松愉快的闲谈中放松下来，渐渐地他变得越来越恋家了。因为在家里，有玛莉安的宠爱和温暖。家成为他获得心神安宁、并沐浴于玛莉安的敬爱和温暖的地方。她是他的伴侣、亲信和顾问，她是他最信任的人，是可以放心地征求意见的人。因此，他每天晚上结束了下议院的工作后，都会急急忙忙地赶回家，告诉她每日的新闻，而最重要的是玛莉安总是充满信心地鼓励他。

30多年间，玛莉安把全部的身心都放在了迪斯累利身上，她尊重自己的财产，因为那会使迪斯累利生活得更加安逸。她心甘情愿，认为这一切都是值得的。同时她也得到了，他把她看做是自己的主宰，他请求维多利亚女王封玛莉安为贵族。所以在1868年，她被封为女伯爵。

尽管玛莉安有时在公共场合表现得不好，但他从不批评她。当有人嘲笑她时，他就会立刻起来猛烈、忠诚地护卫她。玛莉安不是完美的，但30年来，她从未厌倦谈论自己的丈夫，并30年如一日地鼓励和呵护他，这让迪斯累利感到玛莉安是他一生最重要的人。

玛莉安并非十全十美，可迪斯累利总是非常聪明地不去惹她生气。所以，他们的婚姻才会如此幸福长久。

凡伊莎贝尔·乌德在《在家庭中一起成长》一书里也说："要想有一个美满的婚姻，除了对方要合适外，自己也要让对方觉得合适。"

改造是一种带破坏性的作业。爱情是一件易碎品，就像一只瓷瓶，瓷瓶上有一块疙瘩，你看着不舒服想把它打磨平整，用心无疑是好的，但有时看到的却是这样一种结局：疙瘩没有打平，瓷瓶先碎了。

如果你要家庭生活幸福快乐，一定要记住："不要想按着你的意思，来改变你的伴侣。"

和别人相处要学的第一件事，就是对于他们寻求快乐的特别方式不要加以干涉，如果这些方式并没有强烈地妨碍到我们的话。